日本のテレビ・ドキュメンタリー

Japanese Television Documentaries

Yoshiyuki Niwa
丹羽美之

東京大学出版会

Japanese Television Documentaries
Yoshiyuki NIWA
University of Tokyo Press, 2020
ISBN 978-4-13-050201-6

日本のテレビ・ドキュメンタリー——目次

はじめに

日本でテレビ放送がはじまって六〇年あまりが経った。テレビの歩みは、戦後日本の歩みともほぼ重なる。この間、テレビは何をどう記録し、伝えてきたのだろうか。本書の目的は、テレビのなかに描かれた戦後日本の姿を明らかにすることにある。と同時に、戦後日本のなかのテレビについて考えることも、本書の目的のひとつである。テレビが戦後日本をどう伝えてきたか、どう伝えようとしてきたか、どう伝えられないできたかを問うことは、戦後日本におけるテレビのあり方について問うことでもある。テレビを通して戦後史を考え、また戦後史を通してテレビを考える。これが本書の狙いである。

主な対象とするのは、一九五〇年代から現在まで、日本のテレビで放送されたドキュメンタリー番組である。これまでテレビでは膨大な数のドキュメンタリー番組が制作され、放送されてきた。ドキュメンタリー番組は、テレビが戦後という時代にどう向き合ってきたかを示す貴重な記録である。初期のドラマやバラエティは生放送（もしくはビデオテープの再利用による収録放送）が圧倒的に多く、放送局にもオリジナルがほとんど残っていない。フィルムやビデオで保存されたドキュメンタリー番組は、テレビの歴史の重要な証人でもある。

もちろん、ドキュメンタリー番組と一口に言っても、その題材もスタイルも実に様々だ。これらの多様なドキュメンタリー番組を網羅的に紹介し、壮大なドキュメンタリー番組全史を書き上げることなど、不可能に近い。そこで本書では、それぞれの時代の画期をなしたドキュメンタリー番組のいくつかを選んで取り上げることにする。その際、ドキュメンタリー番組が何を描いてきたかということよりも、いかに描いてきたかということ、すなわち「対象」「内容」よりも、その「描き方」「方法」に力点をおいて、いくつかの画期を捉えることにしたい。

改めて言うまでもなく、表現の内容と方法は不可分に結びついている。方法の開拓によって新たな問題群が認識され、問題の発見によって新たな方法が生み出される。ドキュメンタリー番組も例外ではない。時代が大きく転換し、それまでの社会認識や歴史認識が深刻な問い直しを迫られるとき、その表現方法も必ず変化する。ドキュメンタリー番組は戦後の事件や出来事の単なる記録ではない。ドキュメンタリー番組の歴史とは、テレビが戦後日本をどのように捉えようとしてきたか、その方法をめぐる挑戦と格闘の歴史でもある。ドキュメンタリー番組の方法の変化に注目することによって、テレビと戦後史の関係に新たな側面から光をあてることができると考えている。

テレビはその誕生以来、同時代のメディアであり続けてきた。テレビにとって重要なのはあくまで「いま」であり、その歴史についてはこれまで十分に顧みられてきたとは言いがたい。ましてや具体的なテレビ番組に即してテレビの歴史を問い直そうとする試みは、ほとんど行われてこなかった。テレビ番組は一度放送されたらそれでおしまい。作る側も見る側もそれを当然のことと考えてきた。そもそもテレビ番組を資料として入手すること自体、極めて困難だった。結果としてテレビ番組史については、現場の放送人による回顧的経験談が大半を占め、業界的な地平を乗り越えた実証的・批判的な研究はほとんど行われてこなかった。

しかし、テレビ放送の開始から六〇年以上が経ち、私たちはテレビ時代をそれなりに冷静に対象化することのできる地点にようやく立ちつつある。過去のテレビ番組を大規模に収集・保存・公開するアーカイブの整備もはじまりつつある。テレビがいよいよ歴史の対象になりはじめているのだ。今後は、過去に放送された具体的な番組に即してテレビ史を検証していく作業が様々な角度から進められていくことだろう。本書もそうした試みのひとつに位置づけられる。テレビとは何だったのかを問う作業はようやくはじまったばかりなのだ。

本書はドキュメンタリー番組の歴史を振り返る。制作者の思想やその方法について詳しく論じてはいるが、いわゆる作品論や作家論を目指しているわけではない。また作品の良し悪しについて評価を下したいわけでもない。繰り返せば、それはドキュメンタリー番組から見た「テレビ論」であると同時に、「戦後社会論」である。テレビを通して人々が戦後という時代をどのように経験したのかを考えることが最大のテーマとなる。したがって本書はドキュメンタリーに興味がある読者はもちろんのこと、テレビや戦後日本に関心がある読者に向けても書かれている。

また本書は「ジャーナリズム論」であるとともに「映像論」でもある。テレビのドキュメンタリー番組は、新聞や雑誌とも、映画やラジオともひと味ちがう形で、独自の映像ジャーナリズムの地平を切り開いてきた。そこでは、今日の目から見ると驚くような実験的な試みが数多くなされてきた。カメラとマイクで現実を記録することはいかにして可能か。映像には何ができて、何ができないのか。ドキュメンタリー番組の歴史を振り返ることは、映像ジャーナリズムの限界や可能性を考える上で大きな示唆に富む。ビジュアルなイメージがますます大きな影響力を持つようになっている現代の社会で、ジャーナリズムや映像文化のあり方に関心を持っている読者にも、本書は参考となるはずだ。

さらに言えば、本書は「アーカイブ論」のひとつの実例でもある。前述したように、日本でもテレビ・アーカイブの整備がようやくはじまりつつある。しかし、せっかくのアーカイブも収集・保存が自己目的化してしまっては宝の持ち腐れに過ぎない。今後は、テレビ・アーカイブを活用した様々な研究の方法が試されていくだろう。使い捨ての消耗品のように見られてきたテレビ番組も、その活用の仕方しだいでは時代の立派な証言者になる。アーカイブの問題に関心を持つ読者は、本書をアーカイブ時代の新しいテレビ研究のあり方を実践する試みとしても読むことができるだろう。

最後に、本書の構成と章立てについて簡単に述べておこう。第1章では、まず本書の背景となっているNHKアーカイブスや放送ライブラリーなど、テレビ・アーカイブの現状について述べる。テレビ・アーカイブにはどのような番組が保存されているのか。アーカイブによって、テレビ研究の未来はこれからどのように変わっていくのか。日本でもようやくはじまりつつあるテレビ・アーカイブ研究の現状を概観し、今後の課題と展望についてふれたい。

第2章からは、ドキュメンタリー番組の歴史に深く分け入っていく。最初に取り上げるのは、ドキュメンタリー番組の草分けと言われるNHK『日本の素顔』とその制作の中心を担った吉田直哉である。テレビがまだニューメディアだった一九五〇年代後半、吉田たちは、「記録映画との訣別」を宣言し、ラジオの延長線上に、新しいテレビ・ドキュメンタリーを構想しようとした。それは敗戦からの復興を経て、戦後日本の近代化を目指そうとする理想と希望に満ちた挑戦だった。

これに対して、民放では、プロデューサーの牛山純一が率いる日本テレビ『ノンフィクション劇場』が、大島渚や土本典昭をはじめとする映画人との積極的な交流によって、個性的な番組を数多く生み出した。牛山たちは、高度経済成長が社会にもたらす光と陰を、無名の庶民の人生のドラマを通して描き出そうとした。民放初期の本格的ドキュメンタリー番組であり、ヒューマン・ドキュメンタリーの元祖と言われる『ノンフィクション劇場』については、第3章で詳しく述べる。

高度経済成長による急速な近代化や産業化は、様々な矛盾や亀裂を社会にもたらした。この時期、ドキュメンタリー番組も社会への挑発や批判を強めていった。と同時に、やがてそうした挑発や批判は、戦後日本とともに成長してきたテレビそのものへと向けられていく。第4章ではTBSで活躍した萩元晴彦や村木良彦、第5章では東京12チャンネルの田原総一朗を中心に、一九六〇年代後半から七〇年代にかけて作られた実験的なドキュメンタリー番組にスポットをあてる。

日本が経済大国化し、豊かな消費社会を実現したポスト高度経済成長期、日本の課題を様々な角度から描き出していったのは、全国各地のローカル放送局の制作者たちだった。第6章では、この時期に斬新なドキュメンタリー番組を数多く作り出したRKB毎日放送の木村栄文を取り上げる。また深夜のドキュメンタリー番組の代表格である日本テレビ『NNNドキュメント』では、山口放送の磯野恭子をはじめ全国各地の制作者が地域の視点からこの国の形を問い続けてきた。これについては第7章で詳しく論じる。

冷戦が終焉し、バブルが崩壊した一九九〇年代以降、日本は長い低迷期に突入する。第8章では、フジテレビ『NONFIX』で活躍した是枝裕和や森達也など、プロダクションやフリーランスの作り手たちを中心にこの時代を振り返る。二〇一一年に起こった東日本大震災とそれに続く原発事故は、戦後の豊かな社会を根底から揺さぶっただけでなく、テレビのあり方にも大きな問いを投げかけた。東日本大震災を機に生まれた数多くのドキュメンタリー番組については、最後の第9章で取り上げる。

本書では、テレビ史に残る数々の番組と、それを作り出してきた制作者たちの言葉を通して、日本のテレビ・ドキュメンタリーの大きな流れをたどる。テレビ・ドキュメンタリーの先駆となる『日本の素顔』を作った吉田直哉から、現在では映画監督として活躍する是枝裕和まで、ドキュメンタリー番組の制作者たちはどのように時代と格闘し、戦後日本を記録してきたのか。新たな方法論をどのように開拓し、テレビの可能性を切り開いてきたのか。本書がテレビ・ドキュメンタリーの豊かな歴史に改めて光をあて、テレビやジャーナリズムの未来を考えるための一助となれば幸いである。

第1章　テレビ・アーカイブの扉を開く

1　テレビ研究の貧困

この半世紀あまりの間に、日本のテレビは目覚ましい発展を遂げ、産業的にも文化的にも大きな影響力を持つようになった。しかし、テレビ研究やテレビ批評の広がりという点では、残念ながら非常に遅れていた。その大きな理由のひとつは、テレビ番組のアーカイブが貧困だったからである。かつて放送されたあの番組を見てみたいと思っても番組自体が残っていない。あるいは残っていても公開されていない。結果として、テレビに対する研究や批評は大きく停滞することになった。

アーカイブが整備されなかったのにはいくつかの理由がある。そもそも作り手たちは「テレビ番組は一回放送すれば終わり」「電波とともに消えてなくなるもの」と考えてきた。初期の頃は生放送も多かった。収録番組の場合でも、テープ代が高かったので、繰り返し上書きして使われた。結果として多くの番組が保存されないまま消えていった。また研究者や視聴者も長らくテレビ番組がまともな研究や批評の対象になるとは考えず、積極的に声を挙げてこなかった。さらに国や放送業界もテレビ番組を公共的な財産として保存し、後世に伝えなければならないとは認識してこなかった。

しかし状況は大きく変わりつつある。近年、テレビ番組の歴史的・社会的価値を認め、それらを積極的に収集・保存・公開しようという声が日本でも広がりはじめている。NHKアーカイブスや放送ライブラリーなど、テレビ番組を収集・保存・公開するための制度や環境も整いつつある。一度放送したらそれっきり忘れ去られ、ほとんど顧みられることのなかった大量のテレビ番組が、貴重な「メディア文化財」としてその意義を再評価されるようになってきている。

海外では一足早く、アーカイブによるテレビ研究の活性化が進んでいる。なかでも、最も先進的なデジタル・アーカイブを作り上げているのが、フランスの国立視聴覚研究所（INA：Institut national de l'audiovisuel）である。INAは一九七四年に誕生し、一九九二年に法制化された法定納入制度に基づいて放送番組の網羅的な収集・保存を行っている。テレビ一〇〇局以上、ラジオ六〇局以上を常時デジタル収録しており、フランス国立図書館や全国の大学・図書館などから学術・研究利用ができる。このアーカイブを利用して、なんと毎年二〇〇本以上の博士論文が生み出されるまでになっている。[1]

ようやく日本でもはじまったアーカイブの公開は、停滞していたテレビの研究・批評を大きく前進させていくだろう。これまでテレビでは、ドキュメンタリーやドラマ、ニュースやスポーツ、バラエティや歌謡番組、アニメやCMなど、膨大な数の番組が制作され、放送されてきた。これらの番組はテレビ史の貴重な記録であると同時に、時代を生き生きと映し出す鏡でもある。今後、これらのアーカイブを用いて、テレビ史や同時代史の検証・批判が一気に進むだろう。テレビ文化やテレビ・ジャーナリズムの歩みを振り返ることは、その未来を考えるために必要不可欠な作業である。そこでこの章では、ようやくはじまったテレビ・アーカイブ研究の現状を概観し、今後の課題と展望を述べてみたい。

2　はじまったアーカイブ研究

近年では、テレビ・アーカイブを活用した様々な研究成果が実際に生まれつつある。ここでは、そのいくつかの具体例を紹介しよう。

最初に取り上げるのは、日本で最大規模のテレビ・アーカイブであるNHKアーカイブスを活用した研究である。NHKアーカイブスはNHKのテレビ開局五〇周年を記念して二〇〇三年に埼玉県川口市にオープンした。NHKが制作した約一〇〇万本の番組と八〇〇万項目のニュースを保存している（二〇一八年三月現在）。NHKアーカイブスはこれまで一部の公開番組を除いて、保有する番組の大半を対外的に非公開としてきたが、近年、学術利用に限って試行的に公開をはじめた。ついにNHKアーカイブスの学術利用への門戸が開かれたという意味で、これは画期的なことと言える。

このNHKアーカイブスを用いて、東京大学とNHKが二〇〇九年から二〇一一年にかけて行った共同研究が、「アーカイブを用いたテレビ・ドキュメンタリー史研究」（研究代表者：丹羽美之）である。この共同研究は、NHKアーカイブスに眠る様々なドキュメンタリー番組を改めて見直し、テレビが戦後日本をどのように描いてきたかを明らかにしようとした。NHKのドキュメンタリー番組の系譜（図1、2）[2]を概観すると同時に、「沖縄」「農村」「人間」「中国」「韓国・朝鮮」「戦争責任」など、六つのテーマに沿ってテレビ・ドキュメンタリーの歴史を掘り起こした。[3]

この共同研究は、これまでのように記憶や印象に頼るのではなく、アーカイブを使って番組そのものを詳細に見直すことから生まれた新しい時代のテレビ研究である。これまでこのような検証ができるの

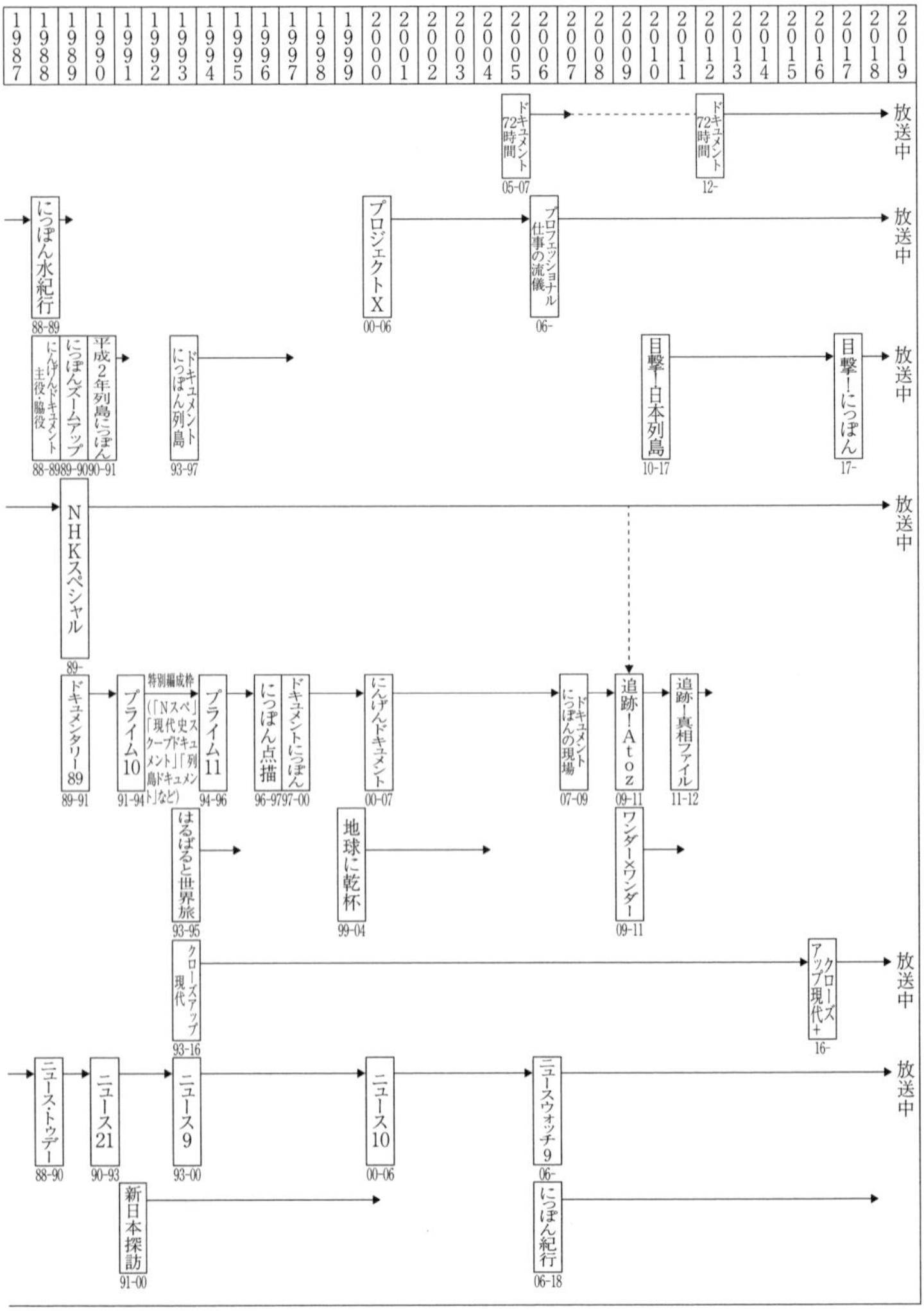
1987 1988 1989 1990 1991 1992 1993 1994 1995 1996 1997 1998 1999 2000 2001 2002 2003 2004 2005 2006 2007 2008 2009 2010 2011 2012 2013 2014 2015 2016 2017 2018 2019
ドキュメント72時間
05-07
ドキュメント72時間
12-
放送中
にっぽん水紀行
88-89
プロジェクトX
00-06
プロフェッショナル仕事の流儀
06-
放送中
にんげんドキュメント主役・脇役
88-89
にっぽんズームアップ
89-90
平成2年列島にっぽん
90-91
ドキュメントにっぽん列島
93-97
目撃!日本列島
10-17
目撃!にっぽん
17-
放送中
NHKスペシャル
89-
放送中
ドキュメンタリー89
89-91
プライム10
91-94
特別編成枠
(「Nスペ」「現代史スクープドキュメント」「列島ドキュメント」など)
プライム11
94-96
にっぽん点描
96-97
ドキュメントにっぽん
97-00
にんげんドキュメント
00-07
ドキュメントにっぽんの現場
07-09
追跡!Atoz
09-11
追跡!真相ファイル
11-12
はるばると世界旅
93-95
地球に乾杯
99-04
ワンダー×ワンダー
09-11
クローズアップ現代
93-16
クローズアップ現代+
16-
放送中
ニュース・トゥデー
88-90
ニュース21
90-93
ニュース9
93-00
ニュース10
00-06
ニュースウォッチ9
06-
放送中
新日本探訪
91-00
にっぽん紀行
06-18

タリー番組の系譜①

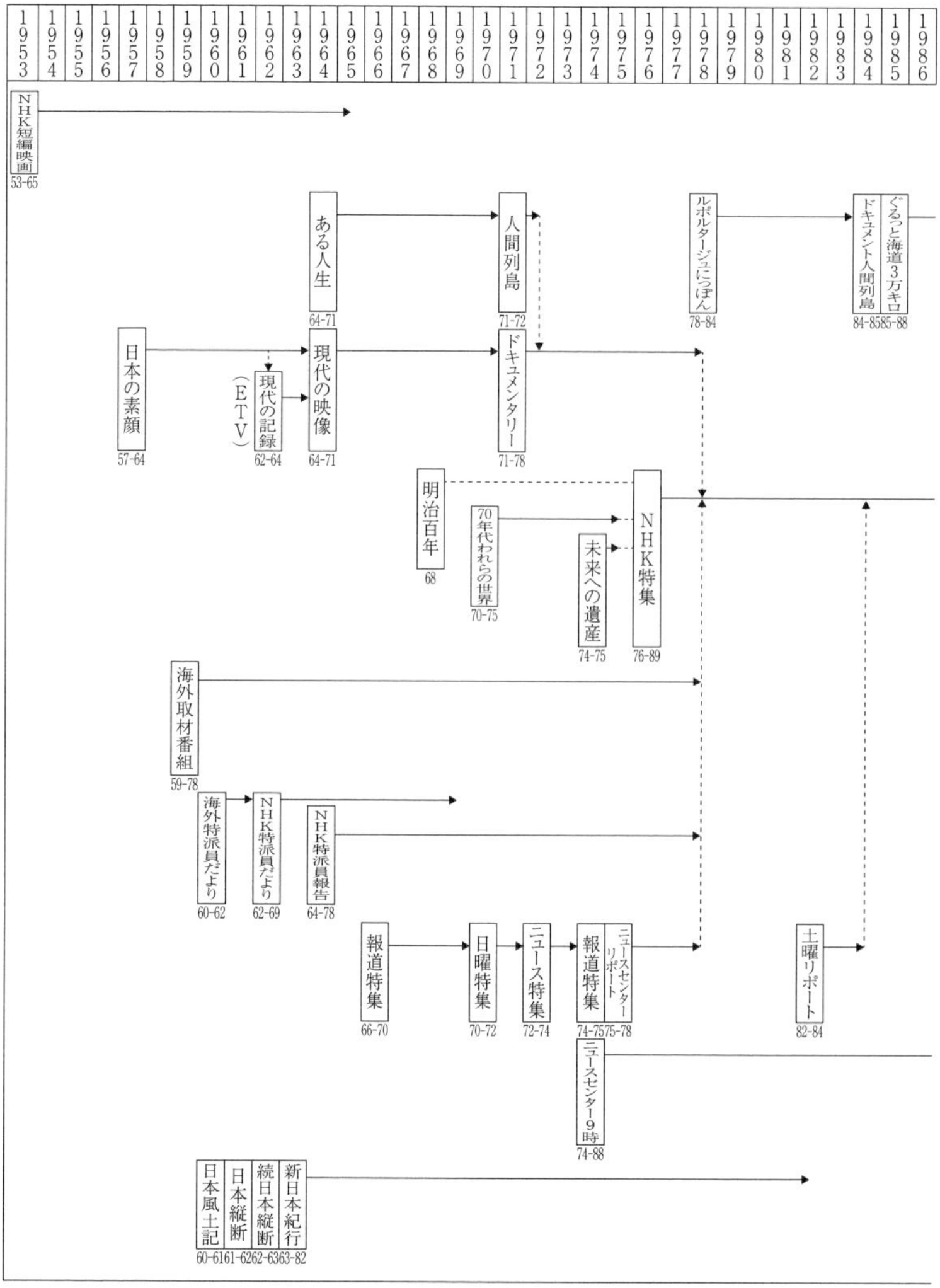

1953
1954
1955
1956
1957
1958
1959
1960
1961
1962
1963
1964
1965
1966
1967
1968
1969
1970
1971
1972
1973
1974
1975
1976
1977
1978
1979
1980
1981
1982
1983
1984
1985
1986
NHK短編映画
53-65
ある人生
64-71
人間列島
71-72
ルポルタージュにっぽん
78-84
ドキュメント人間列島
ぐるっと海道3万キロ
84-8585-88
日本の素顔
57-64
（ETV）
現代の記録
62-64
現代の映像
64-71
ドキュメンタリー
71-78
明治百年
68
70年代われらの世界
70-75
未来への遺産
74-75
NHK特集
76-89
海外取材番組
59-78
海外特派員だより
60-62
NHK特派員だより
62-69
NHK特派員報告
64-78
報道特集
66-70
日曜特集
70-72
ニュース特集
72-74
報道特集
ニュースセンターリポート
74-7575-78
土曜リポート
82-84
ニュースセンター9時
74-88
日本風土記
日本縦断
続日本縦断
新日本紀行
60-6161-6262-6363-82

図1 NHKドキュメン

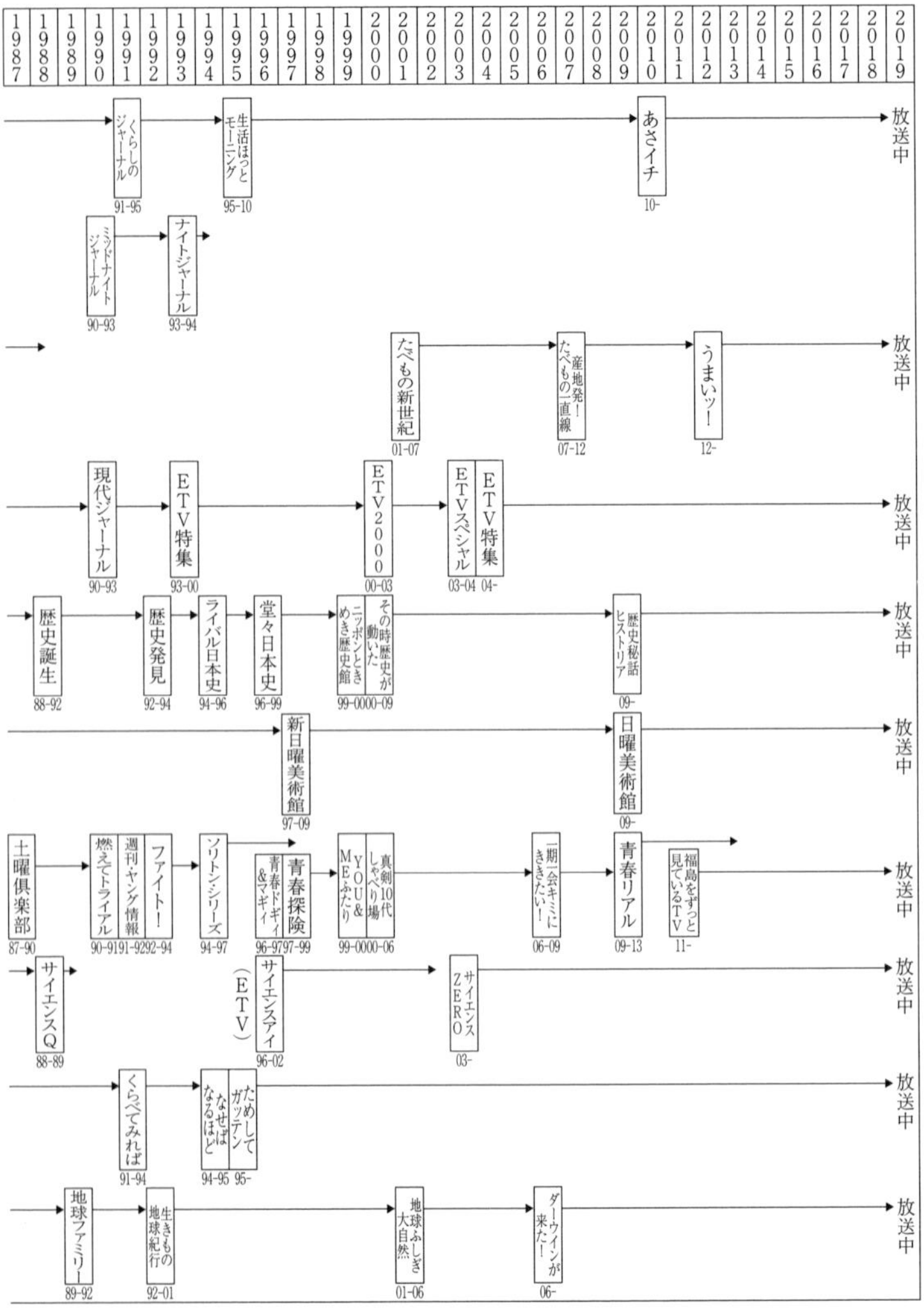
1987
1988
1989
1990
1991
1992
1993
1994
1995
1996
1997
1998
1999
2000
2001
2002
2003
2004
2005
2006
2007
2008
2009
2010
2011
2012
2013
2014
2015
2016
2017
2018
2019
くらしのジャーナル 91-95
生活ほっとモーニング 95-10
あさイチ 10-
放送中
ミッドナイトジャーナル 90-93
ナイトジャーナル 93-94
たべもの新世紀 01-07
産地発！たべもの一直線 07-12
うまいッ！ 12-
放送中
現代ジャーナル 90-93
ETV特集 93-00
ETV2000 00-03
ETVスペシャル 03-04
ETV特集 04-
放送中
歴史誕生 88-92
歴史発見 92-94
ライバル日本史 94-96
堂々日本史 96-99
ニッポンときめき歴史館 99-00
その時歴史が動いた 00-09
歴史秘話ヒストリア 09-
放送中
新日曜美術館 97-09
日曜美術館 09-
放送中
土曜倶楽部 87-90
燃えてトライアル 90-91
週刊・ヤング情報 91-92
ファイト！ 92-94
ソリトン・シリーズ 94-97
青春ドギィ&マギィ 96-97
青春探険 97-99
YOU&MEふたり 99-00
真剣10代しゃべり場 00-06
一期一会キミにききたい！ 06-09
青春リアル 09-13
福島をずっと見ているTV 11-
放送中
サイエンスQ 88-89
（ETV）サイエンスアイ 96-02
サイエンスZERO 03-
放送中
くらべてみれば 91-94
なせばなるほど 94-95
ためしてガッテン 95-
放送中
地球ファミリー 89-92
生きもの地球紀行 92-01
地球ふしぎ大自然 01-06
ダーウィンが来た！ 06-
放送中
タリー番組の系譜②

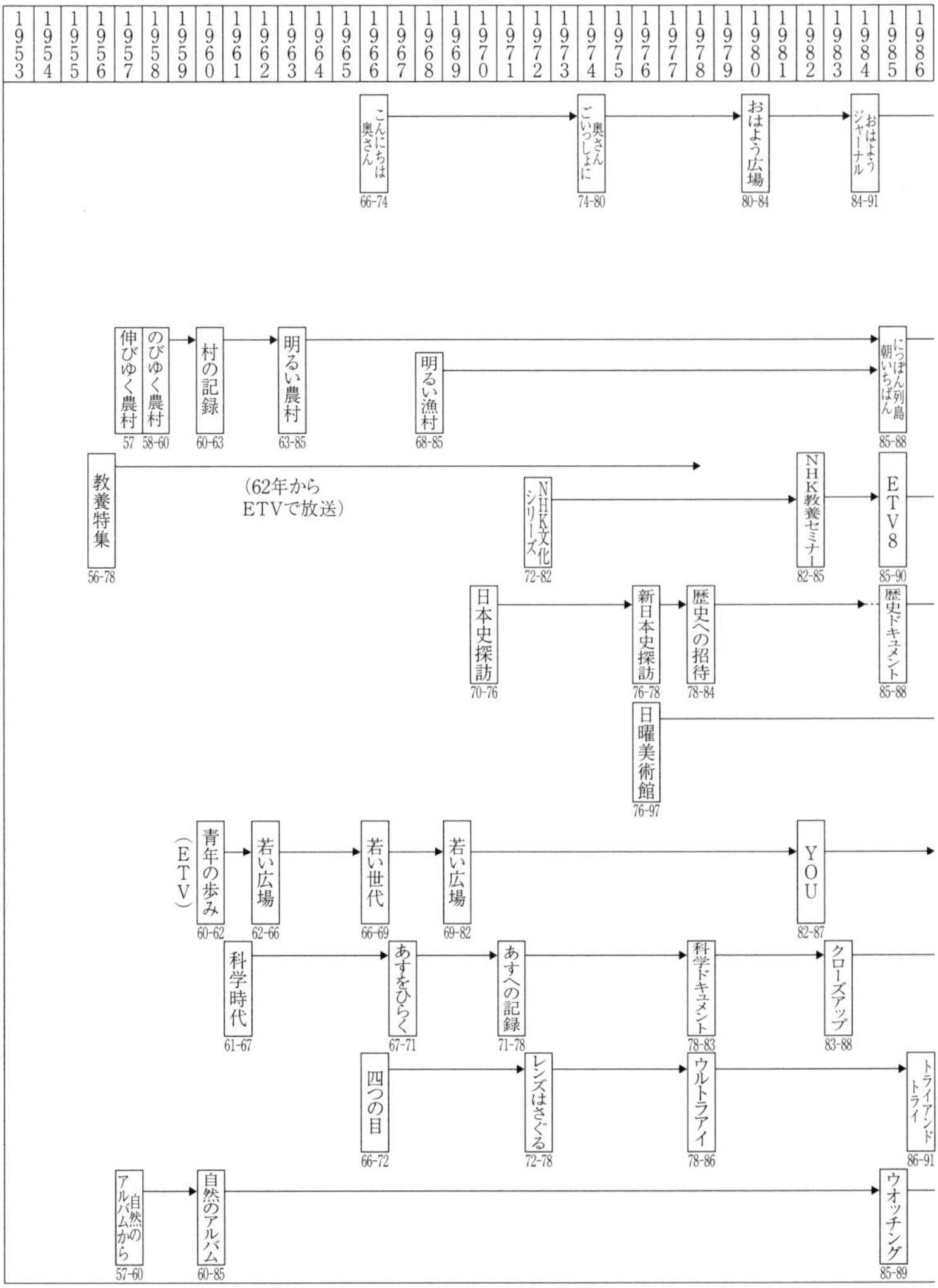
1953 1954 1955 1956 1957 1958 1959 1960 1961 1962 1963 1964 1965 1966 1967 1968 1969 1970 1971 1972 1973 1974 1975 1976 1977 1978 1979 1980 1981 1982 1983 1984 1985 1986
こんにちは奥さん 66-74
奥さんごいっしょに 74-80
おはよう広場 80-84
おはようジャーナル 84-91
伸びゆく農村 57
のびゆく農村 58-60
村の記録 60-63
明るい農村 63-85
明るい漁村 68-85
にっぽん列島朝いちばん 85-88
教養特集 56-78
(62年から
ETVで放送)
NHK文化シリーズ 72-82
NHK教養セミナー 82-85
ETV8 85-90
日本史探訪 70-76
新日本史探訪 76-78
歴史への招待 78-84
歴史ドキュメント 85-88
日曜美術館 76-97
(ETV)
青年の歩み 60-62
若い広場 62-66
若い世代 66-69
若い広場 69-82
YOU 82-87
科学時代 61-67
あすをひらく 67-71
あすへの記録 71-78
科学ドキュメント 78-83
クローズアップ 83-88
四つの目 66-72
レンズはさぐる 72-78
ウルトラアイ 78-86
トライアンドトライ 86-91
自然のアルバムから 57-60
自然のアルバム 60-85
ウオッチング 85-89

図2 NHKドキュメン

はＮＨＫの内部関係者に限られていた（たとえば、桜井均『テレビは戦争をどう描いてきたか　映像と記憶のアーカイブス』岩波書店、二〇〇五年）が、今後ＮＨＫアーカイブスが対外的に公開されれば、こうした研究がＮＨＫの外部からも数多く生まれてくるだろう。

その後実際に、ＮＨＫは二〇一〇年から、「ＮＨＫ番組アーカイブス学術利用トライアル」をスタートさせた。[4] ＮＨＫが大学・研究所の研究者からアーカイブス利用を前提に研究提案を募集し、提案が採択されれば、研究者は半年間にわたって希望するコンテンツを閲覧することができる。このトライアル研究のスタートによって、ＮＨＫが保有する膨大な数の番組に、多くの研究者がアクセスできるようになった。すでに政治学・社会学・歴史学・文学・教育学・心理学・医学・工学など、様々な学問分野からの研究提案が採択され、テレビ番組の活用可能性の探求がはじまっている。[5]

3　広がるアーカイブ研究

また、放送ライブラリーを活用した研究も動き出している。一九九一年に神奈川県横浜市にオープンした放送ライブラリーは、放送法に規定された日本で唯一の放送番組専門のアーカイブである。ＮＨＫと民放で放送されたテレビ番組やラジオ番組、ＣＭを一定の基準で収集しており、開設以来、テレビ番組約二万二〇〇〇本、ラジオ番組約四〇〇〇本、ＣＭ約一万本を保存し、そのほとんどを一般公開している（二〇一七年九月現在）。放送ライブラリーはＮＨＫの番組だけでなく、民放の番組も視聴できる貴重な施設と言える。

この放送ライブラリーを運営する放送番組センターが、早稲田大学ジャーナリズム教育研究所と共同して二〇一〇年からスタートさせたのが「放送番組の森研究会」（研究代表者：花田達朗）である。同研究会では、放送ライブラリーで公開されているテレビ番組を活用してジャーナリズム教育の教材開発を進めてきた。早稲田大学ジャーナリズム教育研究所・公益財団法人放送番組センター共編『放送番組で読み解く社会的記憶　ジャーナリズム・リテラシー教育への活用』（日外アソシエーツ、二〇一二年）は、この共同研究から生まれた成果である。

同書では、一〇名の研究者が、「ヒロシマ・ナガサキ」「BC級戦犯」「原子力」「水俣」「失業」「ベトナム戦争」などそれぞれのテーマを設定し、そのテーマに沿ったテレビ番組と実際の授業モデルを提示する（公開授業を収録したDVD付）。近年、大学を含む公教育の現場では、テレビ番組が当たり前のように授業で活用されるようになっている。しかし、そのための方法論や可能性の検討はまだ十分に行われているとは言えない。同書は、大学での授業や講義にテレビ番組を教材として活用する方法を、具体的・実践的に示そうとした貴重な一冊である。

その後、放送番組センターでは、大学や図書館などの公共施設を対象に、放送ライブラリーの番組を利用できるようにするサービスを二〇一三年からはじめた。これまでは横浜市にある放送ライブラリーの施設内でしか公開番組を視聴することができなかったが、これによって、放送ライブラリーが一般公開している放送番組のなかから、希望する番組をインターネットを利用して配信してもらい、授業の教材や視聴覚資料として利用できるようになった。すでに全国各地の大学や公共施設でこの配信システムを利用した授業や上映会が行われ、テレビ番組の教育活用が広がっている。

この他、CMの分野では、関西の社会学者・メディア研究者を中心に、一九五〇年代から六〇年代のテレビCMの掘り起こしが進んでいる。高野光平・難波功士編『テレビコマーシャルの考古学　昭和30

年代のメディアと文化』（世界思想社、二〇一〇年）は、初期CM業界の最大手プロダクションTCJ社が保管していた九〇〇〇本あまりのCMをデジタル・データベース化し、様々な角度から分析した成果論集である。従来公開されてきた受賞作品や有名作品ではなく、大量の「平凡な作品」にあえて注目することによって、CMや戦後日本文化に新たな光をあてようとしたユニークな一冊である。

最後に、ドラマの分野でも、新たな研究が生まれつつある。ここではその成果として、長谷正人『敗者たちの想像力　脚本家山田太一』（岩波書店、二〇一二年）を挙げておきたい。同書は『男たちの旅路』（NHK、一九七六―八二年）『岸辺のアルバム』（TBS、一九七七年）『想い出づくり。』（TBS、一九八一年）『早春スケッチブック』（フジテレビ、一九八三年）『ふぞろいの林檎たち』（TBS、一九八三年）など、テレビ史に輝く山田太一脚本のテレビドラマ作品を「敗者」という視点から改めて読み解き、一九七〇年代や八〇年代のテレビ文化を再考した好著である。これも、ある意味で、ビデオやDVD、衛星放送やネット配信など、様々な環境で過去の名作を見直すことが可能になった「アーカイブ時代」だからこそ生まれた研究の成果ということができるだろう。

4　民放もアーカイブの公開を

以上、アーカイブから生まれた新しいテレビ研究の具体例をいくつか紹介してきた。もちろんアーカイブに保存されているのは、ドキュメンタリーやドラマやCMだけではない。テレビが半世紀以上にわたって放送してきたニュースやスポーツ、ワイドショーやバラエティ、クイズ番組や歌謡番組など、すべてが貴重な財産である。今後、多くの人々によってアーカイブの見直しが進めば、テレビの歴史が驚くほど立体的に浮かび上がってくるだろう。と同時に、テレビ番組の持つ潜在的な価値が様々な角度から再発見されていくはずである。

しかし、そのためには誰もが容易にアクセスできる開かれたテレビ・アーカイブが必要不可欠である。ここではアーカイブの充実に向けた今後の課題として、次の二つの点を指摘しておきたい。第一は、民放アーカイブの充実である。現在のところ、民放アーカイブの整備・公開は大幅に遅れている。もちろん民放もそれぞれの社内にアーカイブを持っている。しかしそれらは商業目的のインナー・アーカイブであり、自社の番組制作への活用や、資料映像の販売などに利用が限定されている。対外的には非公開なので、研究者が利用することは原則としてできない。また民放番組を一般公開している数少ないアーカイブのひとつである放送ライブラリーも、現時点では残念ながら、収集・保存番組の数がそもそも少なく、研究・批評に必要な包括性や網羅性を備えていない。

NHKアーカイブスの積極的な公開姿勢によって、テレビ研究が活性化していることはすでに述べた。多くの若い研究者たちが、NHKアーカイブスを活用して意欲的な研究に取り組みはじめている。一方で、公開が進まない民放については、研究は依然として停滞したままである。このままでは（少なくとも研究・批評の世界では）民放の歴史はなかったことにされてしまうだろう。日本のテレビ文化やテレビ・ジャーナリズムを考える上で、民放が果たした役割は極めて大きい。ドキュメンタリー番組に限ってみても、数多くの番組が民放で制作・放送されてきた（図3、4）[6]。民放の番組が積極的に公開されれば、NHKとはまた違ったテレビの歴史が浮かび上がってくるはずだ。民放アーカイブの一刻も早い整備・公開が望まれる。

第二は、ローカルなアーカイブの充実である。これまで数多くの番組が地域の放送局によって制作さ

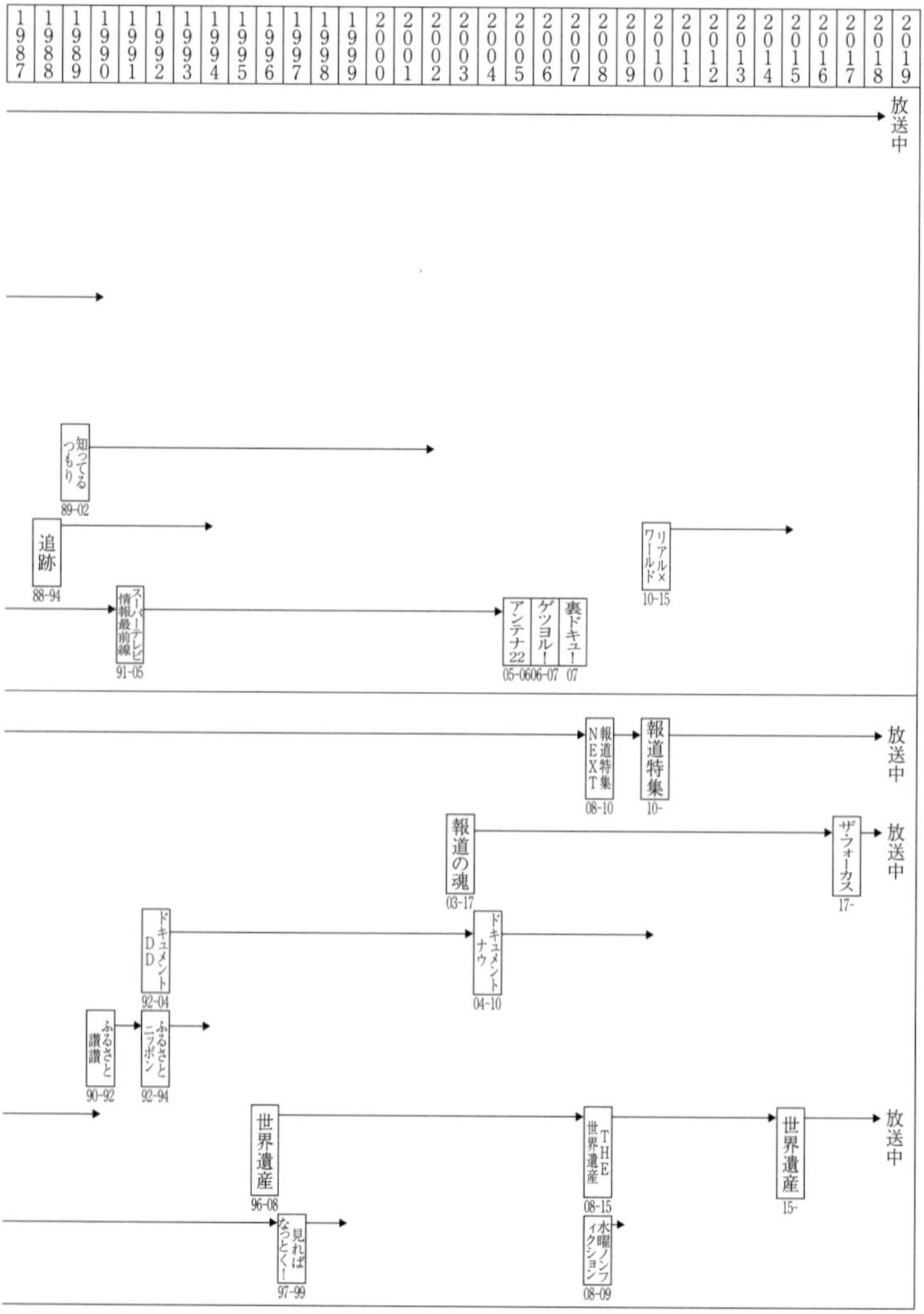
1987
1988
1989
1990
1991
1992
1993
1994
1995
1996
1997
1998
1999
2000
2001
2002
2003
2004
2005
2006
2007
2008
2009
2010
2011
2012
2013
2014
2015
2016
2017
2018
2019
放送中
知ってるつもり
89-02
追跡
88-94
リアル×ワールド
10-15
スーパーテレビ情報最前線
91-05
アンテナ22
ゲツヨル!
裏ドキュ!
05-06
06-07
07
NEXT報道特集
08-10
報道特集
10-
放送中
報道の魂
03-17
ザ・フォーカス
17-
放送中
ドキュメントDD
92-04
ドキュメントナウ
04-10
ふるさと讃讃
90-92
ふるさとニッポン
92-94
世界遺産
96-08
THE世界遺産
08-15
世界遺産
15-
放送中
見ればなっとく!
97-99
水曜ノンフィクション
08-09

タリー番組の系譜①

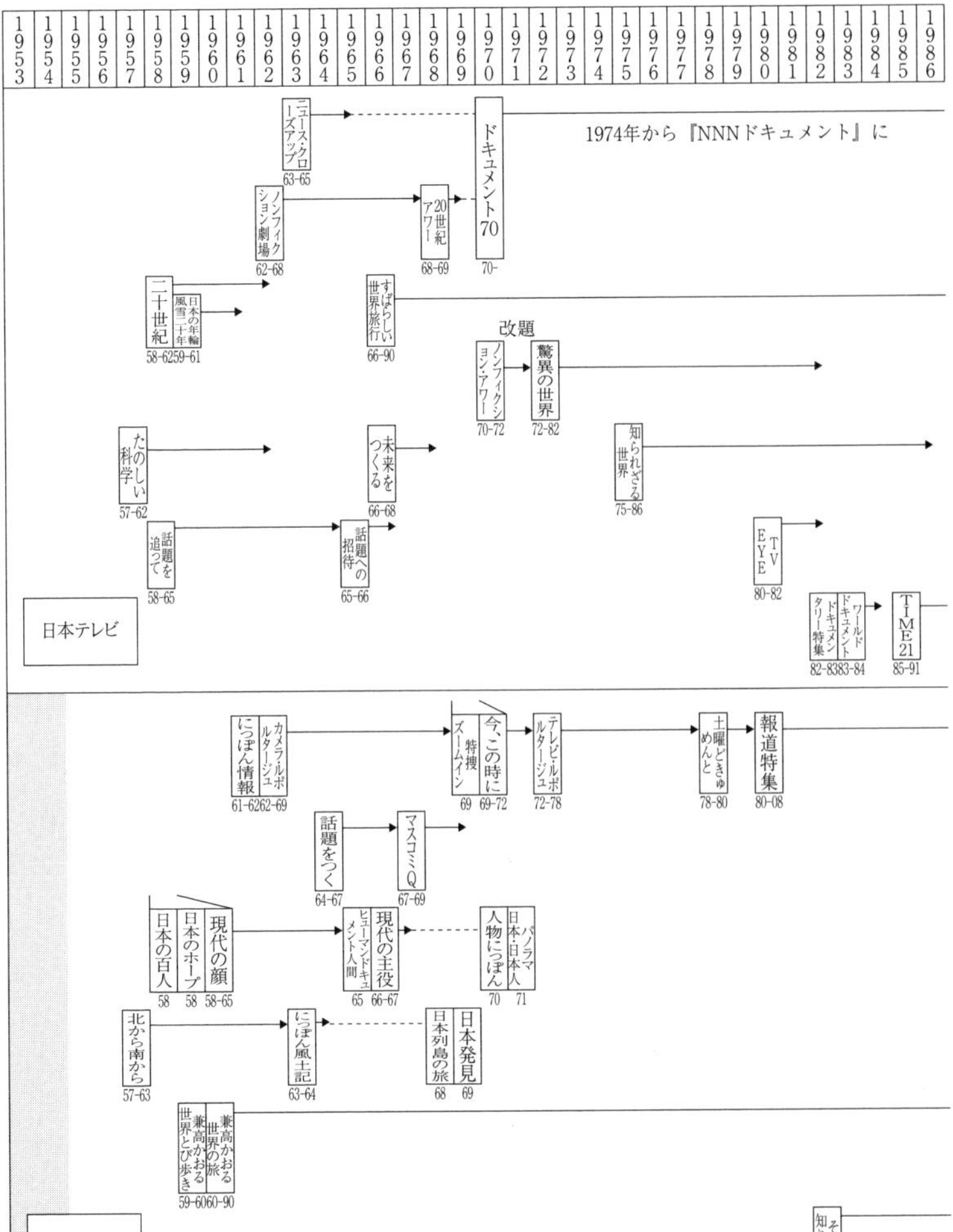
1953 1954 1955 1956 1957 1958 1959 1960 1961 1962 1963 1964 1965 1966 1967 1968 1969 1970 1971 1972 1973 1974 1975 1976 1977 1978 1979 1980 1981 1982 1983 1984 1985 1986
ニュース・クローズアップ 63-65
ドキュメント70 70-
1974年から『NNNドキュメント』に
ノンフィクション劇場 62-68
20世紀アワー 68-69
二十世紀 58-62
日本の年輪 風雪二十年 59-61
すばらしい世界旅行 66-90
改題
ノンフィクション・アワー 70-72
驚異の世界 72-82
たのしい科学 57-62
未来をつくる 66-68
知られざる世界 75-86
話題を追って 58-65
話題への招待 65-66
TV EYE 80-82
ワールドドキュメント 83-84
ドキュメンタリー特集 82-83
TIME21 85-91
日本テレビ
にっぽん情報 61-62
カメラ・ルポルタージュ 62-69
特捜ズームイン 69
今、この時に 69-72
テレビ・ルポルタージュ 72-78
土曜どきゅめんと 78-80
報道特集 80-08
話題をつく 64-67
マスコミQ 67-69
日本の百人 58
日本のホープ 58
現代の顔 58-65
ヒューマンドキュメント人間 65
現代の主役 66-67
人物にっぽん 70
パノラマ日本・日本人 71
北から南から 57-63
にっぽん風土記 63-64
日本列島の旅 68
日本発見 69
兼高かおる世界とび歩き 59-60
兼高かおる世界の旅 60-90
そこが知りたい 82-97
TBS

図3 民放ドキュメン

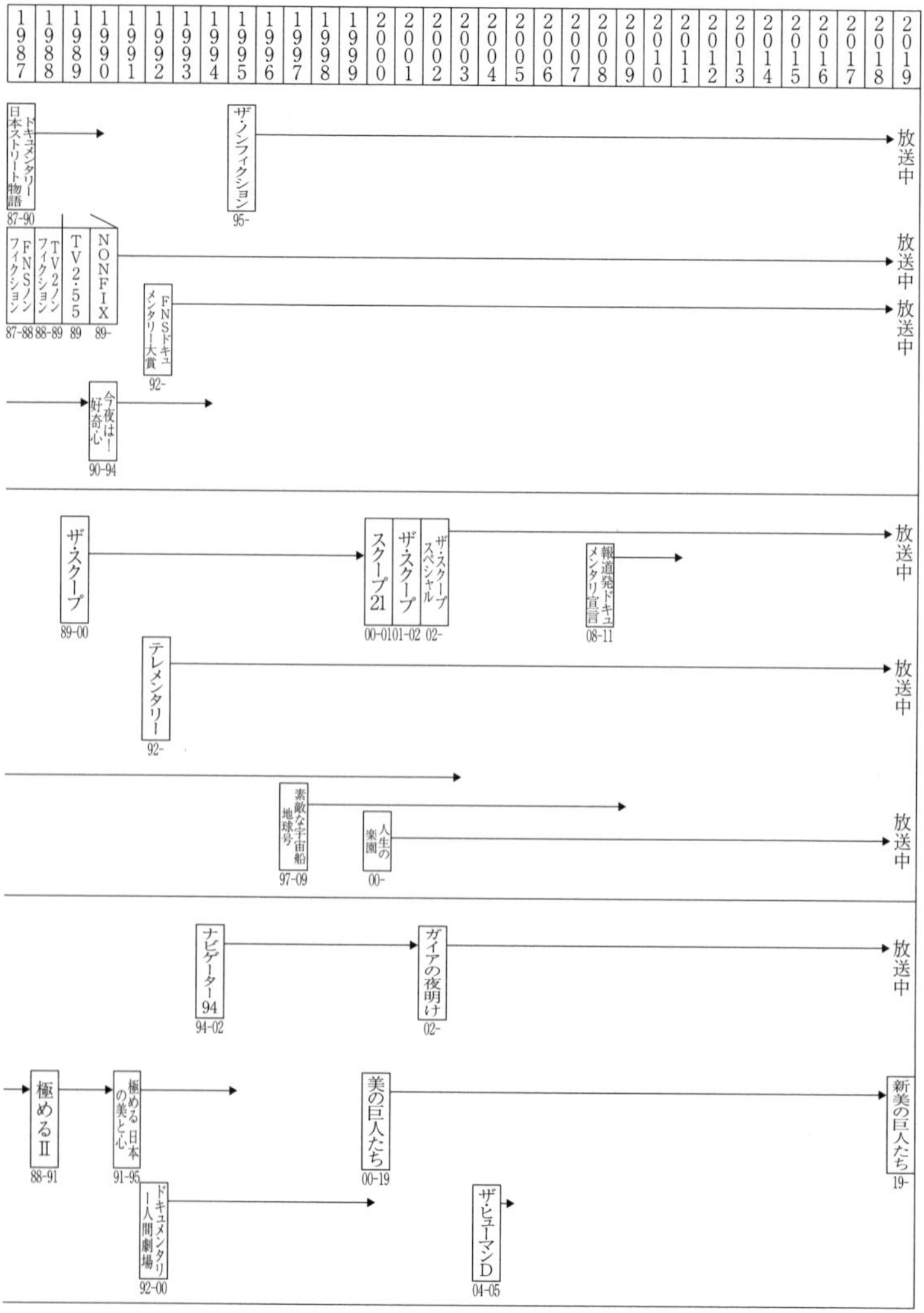
1987
1988
1989
1990
1991
1992
1993
1994
1995
1996
1997
1998
1999
2000
2001
2002
2003
2004
2005
2006
2007
2008
2009
2010
2011
2012
2013
2014
2015
2016
2017
2018
2019
ドキュメンタリー日本ストリート物語
87-90
ザ・ノンフィクション
95-
放送中
FNSノンフィクション
87-88
TV2ノンフィクション
88-89
TV2:55
89
NONFIX
89-
放送中
FNSドキュメンタリー大賞
92-
放送中
今夜は!好奇心
90-94
ザ・スクープ
89-00
スクープ21
00-01
ザ・スクープ
01-02
ザ・スクープスペシャル
02-
放送中
報道発ドキュメンタリ宣言
08-11
テレメンタリー
92-
放送中
素敵な宇宙船地球号
97-09
人生の楽園
00-
放送中
ナビゲーター94
94-02
ガイアの夜明け
02-
放送中
極めるII
88-91
極める日本の美と心
91-95
美の巨人たち
00-19
新美の巨人たち
19-
ドキュメンタリー人間劇場
92-00
ザ・ヒューマンD
04-05

タリー番組の系譜②

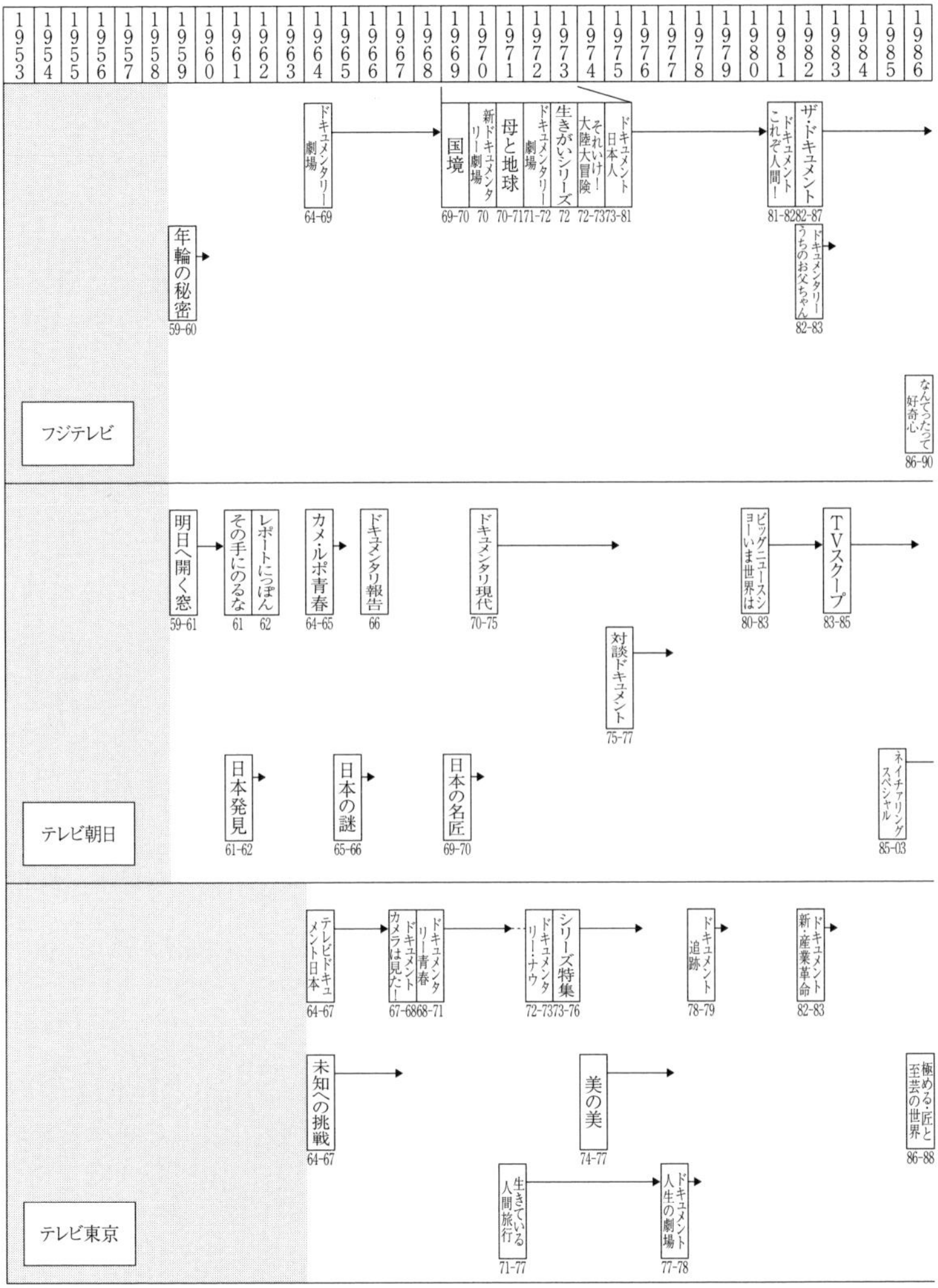

1953
1954
1955
1956
1957
1958
1959
1960
1961
1962
1963
1964
1965
1966
1967
1968
1969
1970
1971
1972
1973
1974
1975
1976
1977
1978
1979
1980
1981
1982
1983
1984
1985
1986
フジテレビ
ドキュメンタリー劇場
64-69
国境
69-70
新ドキュメンタリー劇場
70
母と地球
70-71
ドキュメンタリー劇場
71-72
生きがいシリーズ
72
それいけ！大陸大冒険
72-73
ドキュメント日本人
73-81
ドキュメントこれぞ人間！
81-82
ザ・ドキュメント
82-87
ドキュメンタリーうちのお父ちゃん
82-83
年輪の秘密
59-60
なんてったって好奇心
86-90
テレビ朝日
明日へ開く窓
59-61
その手にのるな
61
レポートにっぽん
62
カメ・ルポ青春
64-65
ドキュメンタリ報告
66
ドキュメンタリ現代
70-75
対談ドキュメント
75-77
ビッグニュースショーいま世界は
80-83
TVスクープ
83-85
日本発見
61-62
日本の謎
65-66
日本の名匠
69-70
ネイチャリングスペシャル
85-03
テレビ東京
テレビドキュメント日本
64-67
ドキュメントカメラは見た！
67-68
ドキュメンタリー青春
68-71
ドキュメンタリー・ナウ
72-73
シリーズ特集
73-76
ドキュメント追跡
78-79
ドキュメント新・産業革命
82-83
未知への挑戦
64-67
美の美
74-77
生きている人間旅行
71-77
ドキュメント人生の劇場
77-78
極める・匠と至芸の世界
86-88

図4 民放ドキュメン

図 5 『NNN ドキュメント』研究用デジタル・アーカイブ

れ、放送されてきた。それらはその地域社会にとっても重要な文化的財産であるはずだ。しかし現在のテレビ・アーカイブは、中央集権化した放送産業の実態を反映して、明らかに東京発の番組に偏っている。各地域の放送局には膨大な数のテレビ番組が保存されていると考えられるが、その数や保存の実態はほとんど明らかになっていない。このままでは、日本のテレビ文化を語る上で、地域の多様な視点がすっぽりと抜け落ちてしまう恐れがある。

日本のテレビ文化を作り出してきたのは、NHKや東京キー局だけではない。この半世紀あまりの間に、各地域の放送局が東京発の番組とは異なる独自性を打ち出し、テレビ文化の多様性を作り出してきた。たとえば、全国のローカル局が制作するドキュメンタリー番組は、地域ジャーナリズムや地域社会の貴重な記録でもある。番組制作において東京への一極集中がますます進むなか、それぞれの地域で生み出されたテレビ番組の歴史をもう一度掘り起こしていくことは、テレビ文化の多様性を考える上で、極めて重要な意味を持つ。

ここでは、民放番組やローカル番組を活用したアーカイブ研究の一例として、二〇一三年から二〇一九年にかけて、東

図6　『NNNドキュメント』を活用した授業

京大学と日本テレビが行った『NNNドキュメント』共同研究（研究代表者：丹羽美之）を挙げておきたい。『NNNドキュメント』は日本テレビ系列の全国二九社が制作に参加し、毎週日曜日の深夜に放送しているドキュメンタリー番組である。一九七〇年のスタート以来、半世紀にわたって放送を続け、放送回数は二五〇〇回以上に及ぶ。この共同研究では、日本テレビ系列各社の全面的な協力のもと、『NNNドキュメント』の全番組を初めて体系的に整理し、番組の研究・教育活用の可能性を探った。研究用デジタル・アーカイブの開発（図5）、番組データベースの作成などと並行して、番組内容の本格的な視聴・分析、『NNNドキュメント』を使った実験的な授業（図6）などに取り組んだ。(7)

民放アーカイブを公開・活用するこうした取り組みはまだはじまったばかりである。今後は、各放送局やアーカイブ機関、ジャーナリストや制作者、研究者や教育者、市民やNPOなどが幅広く連携しながら、民放やローカル局も含めた公共的なテレビ・アーカイブを作り出す活動に積極的に取り組んでいく必要がある。

5　過去を見つめ、未来をつくる

日本のテレビ放送がはじまって六〇年以上が経った。現在をひたすら追いかけてきたテレビも、ようやく自らの過去を振り返ることができるようになった。しかしアーカイブは単にテレビの過去を懐かしく振り返るためにあるのではない。むしろそれはテレビの未来を構想するためにこそ必要である。テレビはこの半世紀あまりの間に、何をどう伝えてきたのか。あるいは何をどう伝えてこなかったのか。テレビにはいったい何が可能なのか。ネットとの本格的な融合時代を迎え、テレビとは何かが改めて問われる現在、テレビの歴史を見つめ直すことで、今後のテレビ文化、テレビジャーナリズムの可能性を探る数多くのヒントを見つけ出すことができるはずである。

もちろん、公共的なテレビ・アーカイブを実現するのは容易なことではない。たとえば権利処理の問題は大きな課題のひとつである。テレビ番組には、著作権（複製権、上映権、公衆送信権など）、著作隣接権（実演家の権利、レコード製作者の権利など）、さらには肖像権など、様々な権利が複雑に絡まり合っている。この権利処理に膨大なコストや時間がかかることが、公開・共有を阻む大きな要因として指摘されている。

一方、近年では、著作権に例外規定を設けるフェア・ユースの議論や、公共財として自由な利用を認めるパブリック・ドメインの議論が注目を集めている。「権利があるから守らなければならない」という自己目的化した議論ではなく、どういうルールや仕組みを整備すれば、創作者の利益を守りつつ、公共的な利益を最大化することができるのか。デジタル時代のメディア・エコノミーにふさわしい著作権制度とはどのようなものなのかを、改めて議論する必要があるだろう(8)。

あらゆる科学・文化・芸術が活発な研究・批評活動に支えられて発展・向上してきたように、テレビ文化が発展・向上していくためには、テレビ番組に対する研究・批評活動が必要不可欠である。誰でも自由にアクセスできる公共的なアーカイブが整備されること。それを利用して様々な研究や批評活動が活発に行われること。そうした研究や批評の成果が制作現場の刺激となって、また新たな番組や文化が生み出されること。アーカイブが単なる懐かしい番組の「保存庫」ではなく、テレビ文化の歴史を検証し、未来のテレビ文化をつくり上げていくための「創造・発信拠点」になれるかどうか。テレビの未来はそこにかかっている。

注

(1) INAの歴史や制度については、エマニュエル・オーグ(西兼志訳)『世界最大デジタル映像アーカイブINA』(白水社、二〇〇七年)、長井暁「デジタル映像アーカイブは何をもたらすのか　フランス『INA』の挑戦」『放送研究と調査』(二〇〇八年七月号、四八―五九頁)を参照。また各国の映像アーカイブの現状を調査したものとして、長井暁「世界の映像アーカイブの現状と課題」『放送研究と調査』(二〇〇八年三月号、四六―五九頁)がある。

(2) この系譜図には、厳密な意味でのドキュメンタリー番組にとどまらず、スタジオ展開のニュースショー、ワイドショー、教養番組等も含めて、関連番組を幅広く掲載した。作成にあたっては「NHKアーカイブス・データベース」「NHK放送番組表・データベース」の他、以下の文献を参照した。NHK放送文化研究所編『NHK年鑑』(日本放送出版協会、各年度)、日本放送協会編『20世紀放送史』(日本放送出版協会、二〇〇一年)、日本放送協会編『NHKは何を伝えてきたか　NHKテレビ番組の50年』(二〇〇三年)、日本放送協会編『NHKは何を伝えてきたか　NHK平和アーカイブス』(二〇〇五年)、日本放送協会編『NHKは何を伝えてきたか　NHK特集』（二〇〇六年）、日本放送協会編『NHKは何を伝えてきたか　NHKスペシャル』（二〇〇六年）、日本放送協会編『NHKは何を伝えてきたか　新日本紀行』（二〇〇七年）、日本放送協会編『NHKは何を伝えてきたか　NHKアーカイブスカタログ』（二〇〇八年）、『放送批評』編集部「ドキュメンタリー番組の系譜」『放送批評』（第一二九号、一九七九年、付録）、『調査情報』編集部「年表・テレビドキュメンタリー番組」『調査情報』（一九九二年九月号、二二—二三頁）。また新山賢治氏、桜井均氏、鬼頭春樹氏、原由美子氏、七沢潔氏、東野真氏ら、NHK関係者の方々にもご協力を頂いた。記して感謝する。

（3）その成果は、日本放送協会放送文化研究所編『放送メディア研究8（特集：始動するアーカイブ研究　テレビ・ドキュメンタリーは何を描いてきたか）』（丸善出版、二〇一一年）にまとめられている。

（4）NHK番組アーカイブス学術利用トライアル、https://www.nhk.or.jp/archives/academic（二〇一九年九月二一日閲覧）。

（5）トライアル研究の経緯と成果をまとめたものとして、宮田章・鳥谷部寛巳「アーカイブ研究の現在　『トライアル研究』発表会2018から」『放送研究と調査』（二〇一八年一〇月号、八六—一〇二頁）がある。

（6）この系譜図の作成にあたっては、以下の文献を参照した。『放送批評』編集部（前掲記事）、『調査情報』編集部（前掲記事）、日本テレビ50年史編集室編『テレビ夢50年』（日本テレビ放送網、二〇〇四年）、東京放送編『TBS50年史』（東京放送、二〇〇二年）、フジテレビ50年史編集委員会編『フジテレビジョン開局50年史』（フジ・メディア・ホールディングス、二〇〇九年）、フジテレビ編成局編成センター編成メディア推進室マーケティングリサーチ部『タイムテーブルからみたフジテレビ60年史』（フジテレビジョン、二〇一九年）、テレビ朝日社史編纂委員会編『チャレンジの軌跡：new air, on air.』（テレビ朝日、二〇一〇年）。また智片健二氏、秋山浩之氏、古川柳子氏ら、民放関係者の方々にもご協力を頂いた。記して感謝する。

（7）その成果は、丹羽美之編『NNNドキュメント・クロニクル　1970—2019』（東京大学出版会、二〇二〇年）にまとめられている。

（8）福井健策『著作権の世紀　変わる「情報の独占制度」』（集英社、二〇一〇年）を参照。また、テレビ・アーカイブに限らず、日本や世界のデジタル・アーカイブの現状と課題を論じたものとして、「アーカイブ立国宣言」編集委員会編『アーカイブ立国宣言　日本の文化資源を活かすために必要なこと』（ポット出版、二〇一四年）がある。

第2章　記録映画との訣別
——吉田直哉と『日本の素顔』

1　録音構成からフィルム構成へ

日本でテレビ本放送がはじまったのは一九五三年のことである。この年の二月一日にNHK東京テレビジョン局が、同年八月二八日に日本テレビ放送網（NTV）が開局した。戦後の日本社会に圧倒的な影響力を及ぼすことになる新たなメディアの誕生であった。とはいえ、当初、受像機の普及は遅々として進まなかった。当時、テレビ受像機は大変な高額商品だった。ほとんどがアメリカからの輸入品で、一七インチのものが二五万円前後もした。受信料は二〇〇円。NHKの受信契約数はわずか八六六台からスタートした。

そのため、東京の上野や秋葉原といった繁華街に設置された街頭テレビには、テレビを一目見ようと、時には一台に数万人の群衆が集まった。そこで放送された番組といえば、生放送の「中継もの」がほとんどで、野球・プロレス・相撲といったスポーツ中継、舞台中継などが人気を博した。フィルムを使ってテレビ局が自主制作した番組は、ニュース映画的なものを除けば、ほとんど存在しなかった。

日本の初期テレビ放送において、フィルム制作による本格的なドキュメンタリー番組が登場してくる

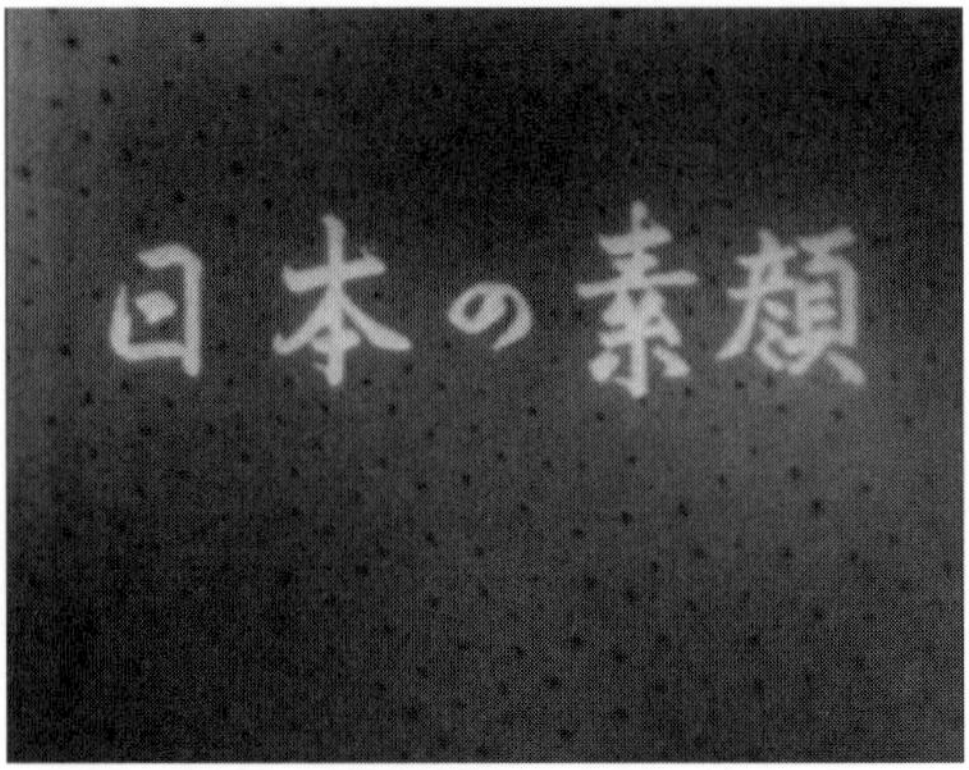

図1　『日本の素顔』

のは一九五〇年代後半である。代表的なものとしては、NHK『日本の素顔』（一九五七―六四年）、日本テレビ系『二十世紀』（一九五八―六二年）、同『日本の年輪・風雪二十年』（一九五九―六一年）、ラジオ東京テレビ系[1]『北から南から』（一九五七―六三年）、同『兼高かおる世界とび歩き』（一九五九―九〇年、六〇年から『兼高かおる世界の旅』に名称変更）などが挙げられる。[2]

なかでも『日本の素顔』（図1）は、後に『現代の映像』（一九六四―七一年）、『ドキュメンタリー』（一九七一―七八年）へとつながっていくNHKの社会派ドキュメンタリー番組の出発点ともなった番組で、テレビ・ドキュメンタリーの雛形として当時から制作者、視聴者、批評家等の間で話題を集めた。本章では、この『日本の素顔』とその制作の中心を担っていた吉田直哉に注目する。まだテレビ・ドキュメンタリーという概念そのものが確立していなかったテレビの草創期に、吉田たちはどのようにしてこの新しい表現ジャンルや手法を開拓していったのだろうか。

まず注意しなければならないのは、草創期のテレビ・ドキュメンタリーは、映画とラジオの交差点で誕生したということである。この事実を改めて確認するところから出発したい。なぜなら、これまでテレビ・ドキュメンタリーの研究は、「映画からテレビへ」という単線的な発想のもとに、ドキュメンタリー映画（記録映画）研究の添え物程度の地位しか与えられてこなかったからである。[3]

もちろんそれまで放送業界は映像ソフトを手がけたことがなかったから、表現技法の点でも人材の点でも映画産業との交流を見逃すことはできない。しかし、テレビが制度・産業面において映画ではなくラジオの後継者であったことを考えれば、テレビ表現の確立にあたってラジオが果たした役割は想像以上に大きい。では、『日本の素顔』の場合はどうだったのだろうか。

『日本の素顔』という番組名の名づけ親であり、この番組を第一回から担当したのが吉田直哉である。吉田は一九五四年にNHKに入局し、三年間ラジオ番組の制作を担当した。一九五七年、『日本の素顔』のスタートとともにテレビに移り、『日本の素顔』『現代の記録』（NHK教育テレビ、一九六二―六四年）において一連の主要な番組を演出した。一九六三年にドラマ班に移った吉田は大河ドラマ『太閤記』（一九六五年）、『源義経』（一九六六年）、『樅の木は残った』（一九七〇年）の演出を七年間にわたり担当する。その後は、大型の海外取材シリーズ『明治百年』（一九六八年）、NHK開局五〇周年記念番組『国境のない伝記』（一九七三年）、『未来への遺産』（一九七四―七五年）、『NHK特集』（一九七六―八九年）といった番組の制作に携わり、一九九〇年に定年退職した。

佐藤忠男の言葉を借りれば、吉田直哉は「NHKという大マスコミにおいて、そのドキュメンタリーのスタイルをかなりの程度まで方向づけるような仕事をしてきたディレクターであった」し、「いわばその作風はNHK的良識を代表するもの」[4]であった。その吉田は、NHKを退職後に著したエッセイのなかで次のように回想している。

日本ではじめてのテレビドキュメンタリー・シリーズは、テレビ放送開始の年から四年のちの一九五七年にはじまった、NHKの番組『日本の素顔』だということになっております。その定説に間違いはありません。しかし、厳密に言うと、最初から「ドキュメンタリー」と銘うったわけではなくて、はじめは「フィルム構成」と名乗っていたのだ、といういまはもう誰からも忘れられている事実があります(5)

「フィルム構成」とはラジオの「録音構成」番組を意識した呼び方である。吉田たち当時の制作者は『日本の素顔』を記録映画の系譜ではなく、ラジオ番組の延長線上に構想したのである。それは彼らがもともとラジオ番組の出身であったことを考えれば、決して不思議ではない。吉田とともに『日本の素顔』の最初の制作者の一人となった白石克己は次のように述べる。

とにかくフィーチャー(構成物)をやろうということだったんです。「探訪」あり「社会の窓」ありで、ラジオでは戦後、非常にフィーチャー番組がもてはやされましたが、テレビには全くなかった。(中略)いわゆるドキュメンタリーフィルムでやろう、という感じで提案されたんじゃないんですよ、皆んなあくまでラジオ屋ですから(6)

では、ラジオの「録音構成」とはどのような番組だったのだろうか。それは、録音された人々の生々しい証言とナレーションを交互に巧みに組み合わせていくことで、事件や一定のテーマについてその真相を探っていく社会番組である。当時ラジオの社会番組は、街頭に集まった不特定多数の群衆から手当りしだいに意見を拾う「街頭録音」から、取材者がテーマにあわせて特定の人物を取材し、その声や意見を構成して作り上げる「録音構成」へと移行していた。

技術的には、当時の最先端機器である携帯用肩掛録音機（通称「デンスケ」）が登場し、機動力に富んだ番組作りを可能にしたことも、この移行を後押しした。軽量で取り扱いに便利な録音機は「長い間プロデューサーの夢であったが、テープ録音の実用化とともに実現を見たもの」であり、「重量八キロ弱、持ち運びはもちろん、マイク操作・収録動作をひとりでできるこの機器の完成によって、ニュースに、社会番組に、インタビューにと、番組制作面に機動力が加わるようになった(7)」。

このような録音構成番組としては、NHKでは『社会探訪』、『社会の窓』、『時の動き』などがあった。後に『日本の素顔』発足時の班長を務めることになる小田俊策は、『社会探訪』の生まれたいきさつについて次のように述べる。

当時の放送というのは、検閲もありまして、事務所や家へ取材に行く場合でも、これからお邪魔しますよ、お聞かせ下さい、というようなことで「お座敷放送」とボクはあえていうんですよ。――そこで、そうじゃない、べらんめえ口調でやろうというんで「社会探訪」をボクが提案したんです。狙ったのは森羅万象、要するに人間です。上野の地下道なり、浅草なり、山谷のドヤ街なり、あらゆる目に映るものを素直に、世の中にあるんだから知らせようじゃないか、と(8)

録音構成番組は民放でも隆盛で、『マイク飛び歩き』（朝日放送）、『話題の広場』（北海道放送）、『日本の表情』（ニッポン放送）、『録音ルポルタージュ』（ラジオ東京）、『時の潮』（ラジオ九州）などがあった。一九五八年三月の日本民間放送連盟の調査では、この種の番組の編成は全国民放一局あたり週平均八・二回を数えている。[9] 録音構成番組は、敗戦後の社会の現実を赤裸々に伝えようとするなかから生まれてきた新たな表現手法であった。吉田直哉たちが『日本の素顔』を構想したのもこうしたラジオの録音構成番組の延長線上だったのである。

2　記録映画との訣別

吉田たちがテレビ・ドキュメンタリーをラジオの延長線上に構想しようとしたのはなぜか。そこには、映像文化の先達である記録映画への対抗心があった。吉田直哉は一九六〇年に「テレビ・ドキュメンタリーとは何か」という文章を雑誌『記録映画』[10]（図2）に寄稿し、「記録映画との訣別」を宣言する。

テレビ・ドキュメンタリーという分野は、さしあたり、スクリーンの記録映画という分野と全く無縁のものと考えて良い、とぼくは思っています。（中略）そのように考える理由は、何よりもまず、過去の記録映画作品が作り上げて来た、さまざまなイメージの束縛から逃れるためであり、更に、従来、スクリーンの記録映画が採用しなかった構成様式に、テレビ・ドキュメンタリーの歩むべき数々の大きな方向を見出しているからなのです[11]

吉田はこのなかで、それまでの劇場用記録映画を、結論を先取りした「説得映画」と呼び、その恣意性・作為性を痛烈に批判する。吉田にとって、それまでの劇場用記録映画は、登山や探検の同行記にしても、建設の記録ものにしても、思考の能力を売るのではなく、説得の能力を売っているという意味で「説得映画」であった。たとえば、こちらが善玉であちらが悪玉といった何らかの結論が先にあって、それをいかに上手に描くかということに精力のほとんどが集中されていた。しかし、真っ暗な劇場でならともかく、テレビではこのような説得の方法は通用しない。記録映画が陥った「完了形」の思考では

図 2　『記録映画』（1960 年 9 月号）

なく、「現在進行形」の思考過程を提示するにはどうしたらいいか。吉田がそこで採用したのが、ラジオの録音構成的な手法だった。

第一に、「現在進行形」の思考過程を示すために、仮説を設定し、それを人々への取材を通して検証していくというやり方をとった。吉田は『日本の素顔』を、自分たちが立てた「仮説」を「検証」するための「実験」と位置づけた。

例えば、全国あちこちでお城の再建が流行し、ブームになっているという現象がある。「日本の素顔」シリーズのなかで、これをとりあげたときに立てた仮説は、「日本人には全体よりも部分を優先させる傾向があり、それが都市づくりに表れたのがこのお城ブームなのではないか」ということでした。このとき、すべてのシークェンスは、この仮説の成否を確めるために立てられ、すべてのショットは、仮説を検証するための実験として投げかけられました。誰を最初から悪玉としてきめつけているわけでもない。ただ、この仮説から導かれる思考過程、それに伴う実験過程を示す三〇分の番組だったわけです。こうなると、その番組は、必然的にプロセッシヴな、現在進行形のムードをもって来ます。そして、どんな立派な結論を得たのでもなく、進行形のままで番組はふっきれます。あとは、視聴者の内面での思考過程をまつというわけです[12]

吉田は、はじめに立てた仮説が、現実にぶつかってあちこち方向転換していくうちに、どう変容するか、それを記録し報告しようとした。監督の意図で映像を作りこんでいく記録映画に対し、吉田の場合、カメラはあくまで、視聴者に思考の手がかりを与え、ともに考えるための道具であった。

第二に、ラジオのように音のもつ抽象的思考性を利用して、画と音を対位法的に構成しようとした。ナレーションを映像の説明のために使うのではなく、むしろ映像の示すものを音声によって批判したり、両者を拮抗させるなかで、テレビ的な社会批評性を獲得しようとした。

いまのテレビは、ラジオが築き上げたひとつの新らしい思考様式の上に立っています。音のもつ抽象的思考性と、考えるカメラの対位法的な構成、ここに、ぼくは、テレビ・ドキュメンタリーの目指すべき新らしい方向性を見出しているわけです。劇場用の記録映画には、残念ながら、このような方向でのお手本になるようなものはない。だとすれば、いっそ、既成概念と訣別するためにも「無縁だ」と考えたほうが良いと思います[13]

もちろん、ラジオの様式を引き継ぐといっても、当時のテレビ番組には数多くの技術上の限界があった。ラジオの制作現場で活躍し、リールいっぱい一五分間の「長回し」ができた録音機「デンスケ」に比べると、この頃のフィルムカメラは相当に制約されたものだった。当時使われていたカメラは、第二次世界大戦中に活躍した「アイモ」を一六ミリ用にした「フィルモ」である。動力はゼンマイで、いっぱいに巻いても一八秒しかまわらないので、その度に撮影を中断、ネジを巻かなければならなかった。しかも三分経つとフィルム自体を交換しなければならない[14]。また短い撮影時間に加えて、フィルムの感度も悪いのでライトを明々と照らして撮影しなければならなかった。そのような状況で、被写体の自然な姿を捉えることはほとんど不可能だった。当然、出演者に「再現」をお願いすることはつきものだった[15]。

音声の面でも、ラジオのように自由にはいかなかった。映像と音声を同時録音するためには、大掛かりな機材が必要で、ロケにおける同時録音は実質上不可能だった。映像と音声が同期していないので、再生すると、口元と声がどんどんズレていった。また、カメラの回転音がすさまじいので、撮影中に録音すると雑音ばかりになってしまい、実際には使えなかった。したがって、音声は撮影の合間にテープ録音して、編集時に画面に合わせて切り貼りするという方法が一般的であった。当時の技術では映像と音声が同時に体験されるという、ごく当たり前の日常経験すらうまく表現できなかったのである。

しかしこれらの制約は、画と音の対位法的な構成ということに関して言えば、一概に短所ばかりとも言えない。実際に吉田は、逆に画と音が合わない方が「自由に、録音は録音機で別にとりカメラマンは映像だけとるという利点[16]」もあった、と述べている。ラジオ出身の制作者たちは、映像と音声が同期しないという技術的な限界を逆手にとって、映像と音声に対立や緊張感を持たせることによって、新たなテレビ・ドキュメンタリーを作り出そうとした。

以上のような試みのなかに、記録映画の系譜ではなくラジオの録音構成の延長線上に『日本の素顔』を構想した吉田たちの方法論があった。記録映画として「シナリオ」を監督することと、テレビ番組として「構成」を演出することの間には単なる言葉遣いの違い以上の差異が認識されていた[17]。テレビ・ドキュメンタリーの脚本を「シナリオ」と呼ばずに「構成」と呼ぶ慣習は現在も続いている。吉田たちは自らをラジオの系譜に位置づけることによって、記録映画の恣意性・作為性から逃れ、テレビによる新たなドキュメンタリーの可能性を切り開こうとしたのである。

以下では、『日本の素顔』の第八集『日本人と次郎長』の回を取り上げながら、吉田が掲げた「仮説の検証」と「対位法」という方法についてさらに詳しく見てみよう。

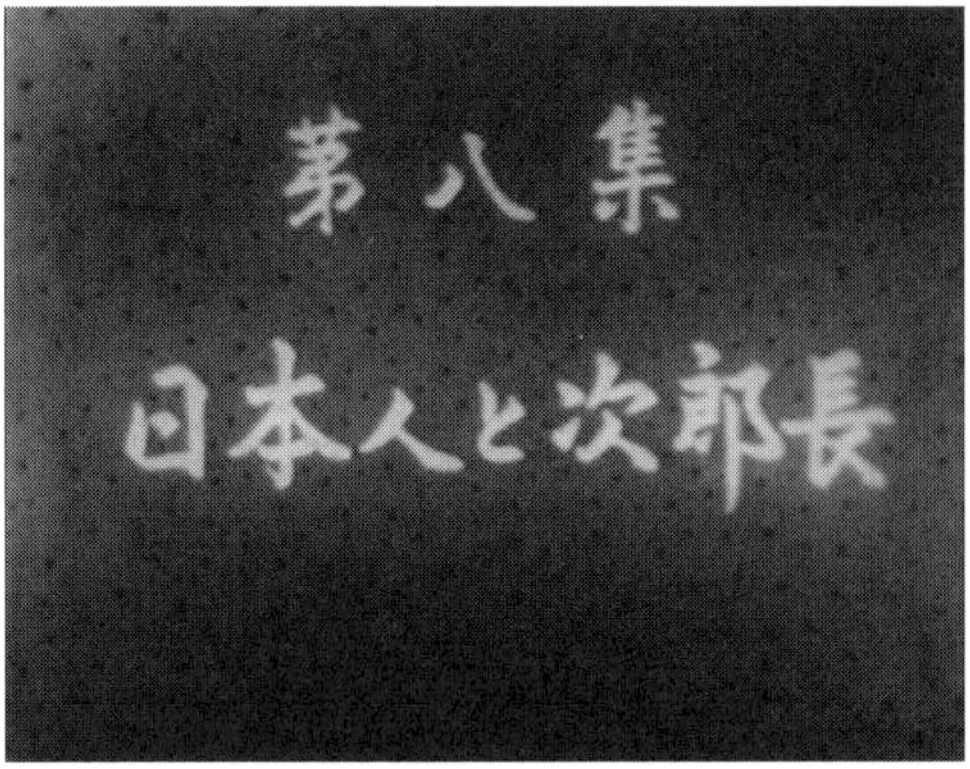

図3　『日本人と次郎長』

3　『日本人と次郎長』

『日本の素顔』は第一集『新興宗教をみる』（一九五七年一一月一〇日）にはじまり、一九六四年三月まで、三〇六回にわたって放送された。取り上げられたテーマも、日本社会のありのままの姿を描くという狙いどおり、多岐に及んでいる。なかでも吉田直哉がその初期に手がけた第八集『日本人と次郎長』（一九五八年一月五日、図3）は、『日本の素顔』を考える上で欠かせない番組のひとつである。吉田によれば、この『日本人と次郎長』の成功がなければ、『日本の素顔』の放送はあと二回で打ち切られる予定であったという[18]。また、吉田が、「典型的な〈仮説スタイル〉をふんで成立した作品であった[19]」と述べていることからみても、この『日本人と次郎長』は、『日本の素顔』のその後の方向性を決定づけた重要な番組と言える。

『日本人と次郎長』は、芝居、浪曲、講談、映画など、「任侠ものがいつの世にも歓迎されるのは、ヤクザの世界に日本人のメンタリティが凝縮されているからではないか」という

図 4 『日本人と次郎長』(映画のポスター)

仮説に基づき、この仮説を実在するヤクザ一家の生態の記録を軸に検証した番組である。番組は、冨田勲作曲の哀調あるテーマ音楽の後、次のようなナレーションからはじまる。「年明けて、都内の娯楽街は、どこもうきうきとした正月気分。大入り満員の盛況です」。「中でも人気を集めているのは、ヤクザが主人公の映画や演劇。各社がしのぎを削る正月の興行合戦でも、ヤクザものさえ出せば勝ちを占めるとさえ言われているのです」。そして清水次郎長を主人公とした映画のポスター(図 4)をじっと見上げる少年の映像にこんなナレーションが重なる。

正月の興行に限らず、映画、演劇、浪曲、講談など、日本人の娯楽の大部分は、ヤクザを主人公とするもので占められています。子供の頃から知らず知らずに育っていくヤクザへの共感。子供たちの心の底には、ヤクザの姿が英雄として焼き付いていきます

こうしたヤクザへの根強い共感が、チャンバラ好きの日本人を育て、さらには愚連隊などの暴力が横行する現代の日本

社会を作り上げているのではないか。番組では、冒頭でこのような問題提起をした後、本所、亀戸、城東方面に縄張りを持つ実在のヤクザ一家の生態に迫っていく。刺青を彫る情景、親分子分の固めの盃の儀式、極秘で開帳される賭場、ヤクザ同士の喧嘩、その手打ち式など、ヤクザの生々しい映像が次々に映し出される。と同時に、そこからヤクザの世界に凝縮された日本人の精神性が明らかにされていく。このように番組独自の仮説を立て、それをカメラを道具にして検証していくのが、『日本の素顔』の仮説検証スタイルだった。

この仮説の成否を探っていく上で、大きな効果を発揮するのが、吉田が「対位法」と呼んだ映像と音声の拮抗関係である。『日本の素顔』には、視聴者に直接に語りかける解説的なナレーションが存在する。いわば「神の声」である。このナレーションは、映像が示すものを詳しく説明するだけでなく、しばしば大胆に批判する。迫力のあるヤクザの映像に皮肉や風刺の効いたナレーションが重なることによって、映像と音声は互いに反発したり、衝突したり、懐疑したりしながら、思考を深めていく。『日本人と次郎長』でもこの種のナレーションが全編にわたって展開され、それぞれの映像の意味が解き明かされていく。

（刺青を腕に彫るシーン、図5）

肉体を蝕むという言葉をそのまま絵にしたようなこの光景をご覧下さい。これが近代国家の装いを凝らした、一九五八年の日本の素顔の一面なのです

（親分子分の固めの盃のシーン、図6）

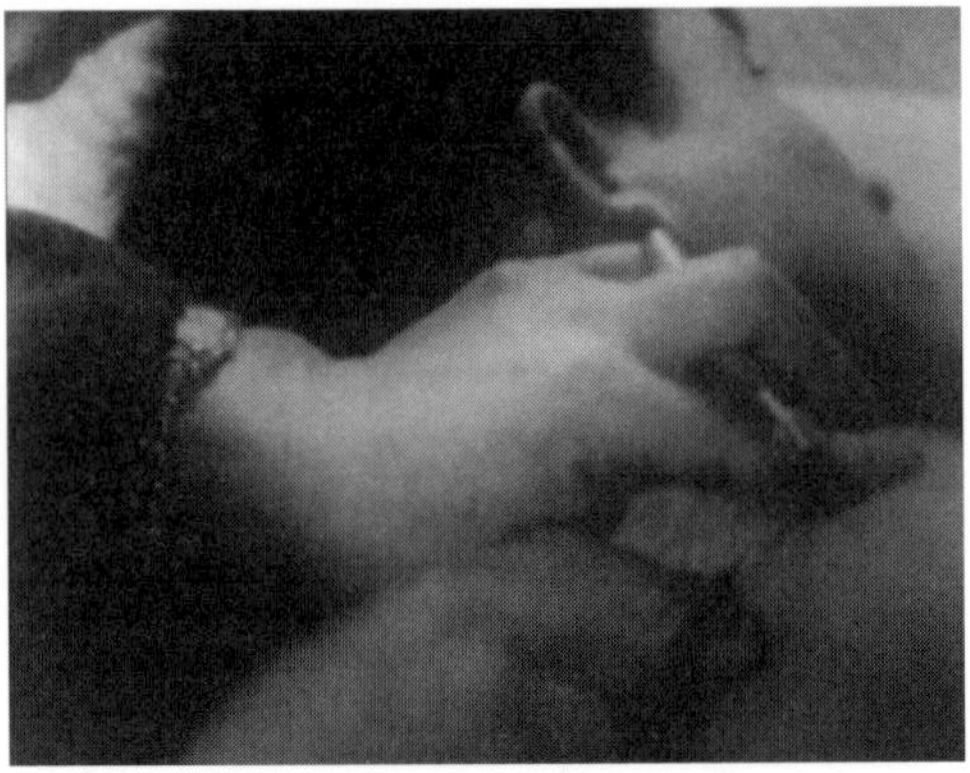

図5『日本人と次郎長』(刺青)

ヤクザ一家は親分を頭にした、伝統的な日本の家族制度の形をとります。親子、兄弟、叔父、親戚筋とある間柄の仲で要求される義理人情は、狭い島国道徳です。そしてこのような親分子分の結びつきは、政界、学会など、あらゆる日本の社会にも見られるのです

このように映像と音声を鋭く対立させながら、思考を展開していくのが、吉田が掲げた「対位法」的な手法だった。『日本人と次郎長』は、この仮説の検証と対位法的な構成によって、従来の記録映画にはない新しい表現を作り出すことに成功した。戦後の日本社会に根強く残る古い因習や価値観を大胆に批判した『日本人と次郎長』は、実在するヤクザの世界を初めてテレビで伝えたそのスクープ性も話題となって、『日本の素顔』を一躍有名にした。

こうした吉田たちの挑戦は、記録映画の世界からも高く評価された。当時、岩波映画製作所で『教室の子供たち』(一九五四年)や『絵を描く子どもたち』(一九五六年)などの斬新な記録映画を演出し、自らも新進気鋭の映画監督として注目を浴びていた羽仁進は、『日本の素顔』を機会あるごとに

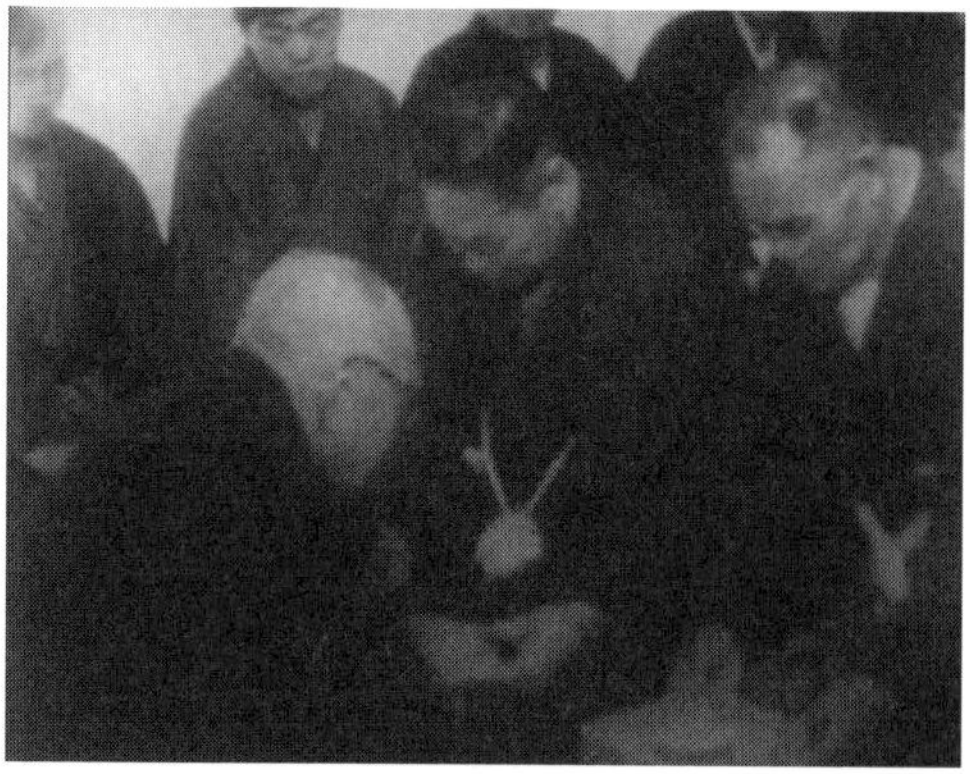

図 6　『日本人と次郎長』（親分子分の固めの盃）

称賛した。

全く映画に素人のプロデューサーたちは常に主題を独特なところにもとめ、カメラはその観念的な意図と格闘しながら、奇妙なイメージを作りだした。さらに従来の映画の解説アナウンスという概念とは全く違ったナレイションを意識的に多用して、言葉の効果を重視した。そしてさらに、この言葉を映像の説明のために殆ど使用せず、むしろ映像の示すものを音声によって批判したり、あるいは音声ののべる理論を映像によって嘲笑したり、絵と音の拮抗作用を利用した編集を多く行った。そしてこれらの結果、「日本の素顔」は従来のドキュメンタリィ映画とは全く異なった、テレビ的な社会批判に成功していたのである[20]

『日本の素顔』に対する世間の評判は、ニューメディアとしてのテレビの評価を大いに高めることにも貢献した。『日本の素顔』の放送がスタートした一九五七年当時、テレビに対する俗悪批判が最高潮に達していた。低俗マスコミ批判のうねりは、民放の発足、戦後の混乱の鎮静化、テレビ放送の普及につれて高まりを見せた。そこでは、チャンバラや西部劇などの暴力的番組や、射幸心を煽るクイズ番組、卑わいでバカ騒ぎするだけの番組が、「公序良俗」を害するものとして槍玉にあげられた。[21]識者や文化人からの批判も激しかった。『週刊東京』誌上に大宅壮一による有名な「一億総白痴化論」が飛び出すのは一九五七年二月である。このような批判が出てくる背景には、この年の大量予備免許交付によって放送局の数が一気に増加していくとともに、テレビ受像機が急速に茶の間に普及しはじめているという社会状況があった。

こんな調子でテレビが普及すると今に日本人の思考力は鈍化するであろう。子供は勉強を放り出し、青年は思索を失ってテレビの前にバカ笑いする。かくて将来、日本人一億が総白痴となりかねない。この危険を今のうちに防止するのは、今後のテレビのあり方だ。教育としかつめらしく考えなくとも、もっと青年のシンになるテレビを作ってほしい（松本清張[22]）

『日本の素顔』は、こうしたテレビ俗悪批判に対するテレビからのひとつの応答でもあったと言えるだろう。ラジオの録音構成の延長線上に、記録映画とは異なるテレビ独自の新しいドキュメンタリーを開拓しようとした吉田たちの挑戦は、草創期のテレビ・ジャーナリズムの可能性を切り開くことにも成功した。『日本の素顔』はテレビで社会批判が可能なことを多くの人に鮮やかに印象づけた。従来の記録映画とは異なる新たなテレビ・ドキュメンタリーの誕生だった。

4　偽装と素顔

他方で『日本の素顔』には大きな限界があったことも指摘しておかなければならない。確かに『日本の素顔』の鋭い社会批判は、それまでの記録映画とも違うテレビ独自のジャーナリズムを作り出した。『日本人と次郎長』以外にも、『季節労働者』（一九五八年四月六日）、『ガード下の東京』（一九五八年六月一日）、『ボタ山のかげに〜中小炭坑〜』（一九五八年九月二八日）、『よいどれ日本』（一九五八年一二月一四日）、『隠れキリシタン』（一九五九年八月九日）、『競輪立国』（一九五九年九月二七日）、『泥海の町〜名古屋市南部の惨状〜』（一九五九年一〇月四日）、『奇病のかげに』（一九五九年一一月二九日）、『或る底辺〜大阪のカスバ西成〜』（一九六〇年七月三一日）、『傷痍軍人』（一九六二年四月一五日）、『恐山』（一九六二年七月二九日）など、様々なテーマに果敢に挑み、テレビ・ジャーナリズムの世界を広げていった。

しかし、その社会批判の多くは、戦後の日本社会に残る様々な課題を病理として描き出し、その前近代性・後進性を批判するという意味で、近代化に対する理想や憧れを前提としたものだった。実際、そこで取り上げられたテーマの切り口にはしばしばひとつの共通の傾向が見られる。それは、ある種の下層民や異常な世界に生きる人々を手がかりに、戦後日本の前近代性を批判していくというものだった。前述のいくつかの番組の担当者でもあった吉田直哉は、自分の仕事には一貫して次のような志向があったと述べる。

柳田先生が「常民」から探ろうとしたことを、私は「異常民」から探ろうとした。異常民とは、たとえばヤクザであり、昭和の潜伏キリシタンであり、明治にボヘミアに嫁いだ日本の一女性であり、ときに八百比丘尼であり、ときに秀吉であったりした。ある種の異常な状況に純粋培養されている日本人から日本人を探る、というのが、あの巨峰の麓にたどりつこうとしている私の辿ったコースなのである(23)

「異常民」から日本人像を構成すること。もちろん、これはあくまで吉田直哉の志向であって、『日本の素顔』の個々の番組がすべてこうした明確な意図のもとに制作されたわけではないだろう。しかし、『日本の素顔』という番組は生まれながらにしてこうしたまなざしを有していたとも言えるのである。なによりも、『日本の素顔』というタイトルそのものにそのような方向性が集約されていた。「素顔」というタイトルに込められていた意味、そして「素顔」と「異常民」とのつながりを読み解いていくことで、そのことが明らかになる。

吉田直哉は『日本の素顔』というタイトルに込めた意味について次のように述べている。

電車の中の無数の広告を見るまでもなく、現代は化粧の時代である。女性ばかりではない。政界も学会も宗教界も、子供たちまでも厚化粧をしていて、めったに素顔を見せることのない時代である。口紅やコールドクリームの発達する時代には、女性の化粧に刺激されるのかどうかは知らないが、役所の建物から路上のマンホールの蓋にまで、みてくれを飾った偽装のにおいがするから不思議だ。われわれは、めったに素顔を見ることのできない時代に生きている(24)

吉田には、現代の社会は欺瞞に満ち溢れたものである、という認識があった。互いに互いを偽り合っている「偽装」の近代国家日本、その偽装を引っ剝がすことで日本社会の「素顔」に迫りたい。『日本の素顔』というタイトルにはそのような思いが込められていた。では、どうすれば社会の「厚化粧」を剝がし、その「素顔」を照らし出すことができるか。そこで吉田たちが注目したのが「異常民」であった。「ヤクザ」「炭坑労働者」「イタコ」といった、日本社会の周縁や隔絶された場所で生きている人々。吉田たちにとって、彼ら・彼女らこそ、欺瞞だらけの社会のルールから常にはみ出してしまう素顔の人々であった。

いつも、何よりもまず思うことは、「日本という国は深い」ということだ。(中略) 人目にふれぬその底のほうには、想像もつかぬさまざまな生活が秘められているのである。そしてまた、そういうところにこそ、日本のムードを本当に作っている、素顔の人々が生きているのだ[25]

とにかく私は、こんな不思議な、異常なまでに純粋なこころをもった人に会ったことがない。厚化粧の時代には、こんな人はかえって泥の底に押し沈められてしまうのだろうか[26]

社会の「底」に住む「異常民」の力を借りて、偽装だらけの社会の「素顔」を暴いたとき、日本の本当の姿が現れるというわけである。『日本の素顔』というタイトルには、すでにこのような「異常民」に対するまなざしが潜んでいた。しかも『日本の素顔』はそうした素顔の人々に強く魅せられながらも、最終的には彼ら・彼女らを戦後日本が内に抱える克服すべき病理として批判的に描き出していった。[27] たとえば『日本人と次郎長』では、次のようなラストコメントによって番組が締めくくられる。

ヤクザの世界は、近代的な装いを凝らした日本のゆがんだ本当の姿を代表していると言ってよいでしょう。一九五八年も、日本はこのゆがんだ姿のままで年を送るのでしょうか

近代国家日本の内に巣食う前近代性・後進性を取り上げ、「これでいいのでしょうか」と締めくくる語りの構図は、『日本人と次郎長』に限ったものではなく、『日本の素顔』にしばしば見られる傾向であった。たとえば、同じく吉田直哉の構成・演出による『競輪立国』[28]は、賭博行為である競輪の収益が日本の地方自治体や医療・科学技術の発展を支える財源となっている事態を日本の前近代性を示す悲劇として描き出す。

『日本の素顔』に特有のこうした語りは、やがて後進の制作者たちからも批判されるようになっていった。NHKで『和賀郡和賀町──1967年夏』(一九六七年一一月一日)や『富谷國民学校』(一九六九年一一月一日)など、数多くの優れたドキュメンタリーを作り出した工藤敏樹は、牛山純一、松橋尚、宮原敏光ら、各局のドキュメンタリー制作者が顔を揃えた座談会で次のように指摘している。

さきほど島浦さん(司会者:引用者注)がおっしゃったように、これでいいのでしょうかみたいなアナウンスがあったが、僕たちはその時代をほとんど知らないし、過去のドキュメンタリー制作者の、ひとつのよき時代だったろうと思います。アナウンスをつけて解説を入れて、悲しいところに悲しい音楽を流してというふうな、それで共感も持ち得たでしょうが、いまではそういうことはだんだ

んやらなくなりました。そういう時期ですから、むずかしさというのはありますね[29]

『日本の素顔』はテレビの草創期に、記録映画と異なるテレビ・ドキュメンタリーの新しい方法論を生み出した。戦後復興から高度経済成長へと向かう一九五〇年代末から六〇年代の日本で、足かけ八年にわたってありとあらゆるテーマを取り上げ、テレビによる社会批判の可能性を切り開いた。敗戦を経て、近代化への理想や憧れが強かったこの時代、日本社会のなかにある前近代性や後進性を取り上げ、「これでいいのでしょうか」と呼びかける『日本の素顔』の強烈な問いかけは、人々に新鮮な驚きを与えたに違いない。しかし、高度経済成長が進み、近代化・産業化がもたらす負の側面がしだいに明らかになるにつれ、『日本の素顔』の近代啓蒙的な姿勢は敬遠されるようになっていく。そこからまた新しいテレビ・ドキュメンタリーの方法論が生まれてくることになる。

注

（1）ラジオ東京テレビ（KRT、現在のTBS）は一九五五年に開局した。ちなみに他の東京キー局の開局は、フジテレビ（CX）、日本教育テレビ（NET、現在のテレビ朝日）、NHK教育テレビが一九五九年。東京12チャンネル（現在のテレビ東京）が一九六四年である。

（2）『調査情報』編集部「年表ドキュメンタリー番組」（一九九二年九月号、二二一―二三頁）、仲村祥一ほか『TV REPORTシリーズ5　テレビ番組論　見る体験の社会心理史』（読売テレビ放送、一九七二年、七九頁）等を参考にした。『日本の素顔』を除く他の番組について、財団法人放送番組センター編『TELEVISION ARCHIVES テレビ番組記録 第1巻［1953―1970］』（一九九〇年）から引用して概要を説明しておく。『北から南から』は東京放送、北海道放送、中部日本放送、朝日放送、RKB毎日放送の共同制作番組で、「日本各地のローカル色豊かな親しみやすいテーマを取り上げて、風刺とユーモアあふれるタッチでつづったルポルタージュ」。放送時間は二一時〇〇分から二一時一五分。『二十世紀』は「二〇世紀の姿を、歴史・科学・地理・生物の四部門に分けて解説し、その全貌を伝えようというドキュメンタリー・シリーズ。一九〇一年からの半世紀間の、人類の歩みや世界の珍しい風俗、科学の進歩などをテーマに、フィルムや写真で構成していく」。放送時間は毎週日曜日一一時〇〇分から一一時五五分。『日本の年輪・風雪二十年』は『二十世紀』の歴史編を柱にした番組で、「昭和の初期から敗戦に至るまでの、二〇年間の日本の動き、世界の動きを、当時の貴重な記録フィルムを駆使してつづるドキュメンタリー」。放送時間は毎週土曜日二二時から二二時四五分。『兼高かおる世界とび歩き』は「リポーターの兼高かおるが、文字どおり世界各地を訪ねて、その土地の風景や人々の生活などを取材。兼高かおる自身が語る旅行体験談をあわせて紹介するフィルム構成。後に『兼高かおる世界の旅』となった」。放送時間は毎週日曜日一〇時三〇分から一一時。改編後は二二時三〇分から二三時。

(3) ドキュメンタリー研究は一九九〇年代以降、英米圏のフィルム・スタディーズを中心に活性化している。代表的なものとして、B. Nichols, *Representing Reality*, Indiana University Press, 1991; M. Renov, ed., *Theorizing Documentary*, Routledge, 1993; E. Barnouw, *Documentary: A History of the Non-Fiction Film, 2nd revised edition*, Oxford University Press, 1993; B. Winston, *Claiming the Real*, BFI Publishing, 1995 などがある。

(4) 佐藤忠雄『日本記録映像史』評論社、一九七七年、一八〇頁。

(5) 吉田直哉『森羅映像』文藝春秋、一九九四年、一八六頁。

(6) 佐々木貫次「テレビ創業期の人たちの証言集」『文献月報』一九七七年六月号、五八―六一頁。

(7) 日本放送協会編『日本放送史(下巻)』日本放送出版協会、一九六五年、六四頁。

(8) 佐々木、前掲論文、六一頁。

(9) 日本放送協会編『放送五十年史(本篇)』日本放送出版協会、一九七七年、三六〇頁。

(10) 『記録映画』(一九五八―六四年)は、一九五五年に発足した教育映画作家協会(後に記録映画作家協会に改称）が編集・発行した機関誌である。誌上では、記録映画の製作や表現をめぐって様々な論考が掲載され、「主体性論争」などの活発な論争も展開された。ちなみに一九六四年になると、そこから松本俊夫、黒木和雄、野田真吉、土本典昭、小川紳介らが脱退し、「映像芸術の会」を結成、雑誌『映像芸術』（一九六四―六八年）を発行するにいたる。

(11) 吉田直哉「テレビ・ドキュメンタリーとは何か」『記録映画』第三巻第九号（一九六〇年九月号）、六頁。

(12) 同論文、七―八頁。

(13) 同論文、七頁。

(14) 吉田、前掲書、一九九四年、一八六頁。

(15) 吉田直哉は、本文中でも取り上げる日本の素顔『日本人と次郎長』の賭場のシーンが再現による撮影だったことを、後に立花隆との対談で証言している。カメラや録音機材が不十分な時代には、再現による撮影は避けがたいことであり、『日本の素顔』でもそのような再現は随所で行われていた（NHK放送記念日特集プロジェクト『ドキュメンタリーとは何か　立花隆の連続対論』一九九三年、二八―二九頁）。少し長いが引用する。

立花：親分子分の固めの杯とか、刺青をチクチクやっていくところとか、博打場で札束が飛び交うところとか、いろいろとありますけれど、ああいうものも一五秒のフィルムで撮ったのですか。

吉田：ええ。一五秒のフィルムで撮っています。しかも、あれは借りてきたカメラを使いました。NHKに少なかったので、毎日青山に住んでいるアメリカ人から借りてきたのですよ。

立花：そうすると、いろいろな儀式的場面も一五秒撮って、「ちょっと待ってください」と言って、また続きをやってもらうということになるのですか。

吉田：それに、三分ごとにフィルムを代えなければなりませんから、――博打はどんどん進行しましたけれども、固めの杯などはフィルムチェンジのたびに、「ちょっと待ってください」とやらなければならないわけです。これは〝やらせ〟も〝再現〟もなくて、どうしても待ってもらわなければ撮れないのです。

（中略）

立花：やくざのフィルムでぼくがびっくりしたのは、札束が飛び交う、賭場の場面がありますね。
吉田：あれこそ全部了解の上です。警視庁も、カネが本物でなければいいということでした。それで、バクチうちたちも、カネは実際にはやりとりしていなくて、「本物でやったら俺たちパクられるから、小道具としてのカネだったらいい」と、言うのでNHKから持っていったのです。
立花：そうなのですか、幾らぐらい持っていきましたか？
吉田：当時のお金で四〇万でしたかね。

(16) 吉田直哉「既知のものを取り上げて未知にする」『放送文化』一九八三年四月号、五六頁。
(17) 佐藤忠男はそれを、「モノローグ」(独白)と「ダイアローグ」(対話)、あるいは「昂奮状態を生じさせるための美文調」と「事実をより冷静に深く認識するための散文性」の違いとして指摘している(佐藤忠男『テレビの思想』千曲秀版社、一九七八年、九四—九五頁)。
(18) NHK放送記念日特集プロジェクト、前掲書、三六頁。
(19) 吉田直哉『私のなかのテレビ』朝日新聞社、一九七七年、五六頁。
(20) 羽仁進「テレビ・プロデューサーへの挑戦状」『中央公論』一九五九年一一月号、二〇三—二〇四頁。ただし、羽仁はこの論文で、その後の『日本の素顔』がしだいに映画スタイルに接近し、自己完結的になっていったことを厳しく批判してもいる。羽仁のこうした問題提起を受けて、その後『中央公論』誌上では、テレビ・ドキュメンタリーの技法やリアリティの問題をめぐって制作者や評論家も参加して「TV論争」が展開された(吉田直哉「羽仁進氏の挑戦に応える」一九五九年一二月号、一一八—一二六頁。高瀬広居「TV論争に私も参加する」一九六〇年二月号、二九三—三〇一頁。瀬川昌昭「TV論争に疑問あり」一九六〇年四月号、二八八—二九六頁)。
(21) 大森幸男「〝低俗番組〟論議の点描その二」『放送文化』一九七七年二月号、四二—四三頁。
(22) 大阪朝日放送編「テレビに望む　テレビジョン・エイジの開幕にあたって」『放送朝日』一九五七年八月号、五—一五頁。

(23) 吉田直哉『テレビ、その余白の思想』文泉、一九七三年、三一五―三一六頁。
(24) 同書、一四〇頁。
(25) 同書、一四二頁。
(26) 同書、一四七頁。
(27) ここには「異常民」が、その純粋さゆえに象徴的に憧れの対象となりつつも、その非合理・無秩序さゆえに社会的には排除されていく転倒したプロセスが存在する。一方で、「異常民」は近代の装いを凝らした日本の隠された本当の姿として近代社会の欲望の対象となるが、他方でそれは近代国家日本にはふさわしくない非合理で無秩序な存在として嫌悪や排除の対象ともなるのである。このとき『日本の素顔』は、近代日本が自らのうちに抱え込む非合理を他者として描き出すことによって、視聴者がその反対物として、すなわち合理的な近代国家日本の市民として想像的に自己定義していくプロセスに力を貸している。
(28) 吉田直哉「テレビ・ドキュメンタリーの構成　『日本の素顔』を主材として」『放送文化』(一九六〇年二月号、一五―二三頁)に台本が掲載されている。
(29) 牛山純一・松橋尚・宮原敏光・工藤敏樹「日本の放送　その断面㊵　テレビドキュメンタリー」『放送文化』一九七〇年四月号、四一頁。

第3章　人間くさいドキュメンタリー
――牛山純一と『ノンフィクション劇場』

1　星の時間

「人間くさいドキュメンタリーを作れ」――それが『ノンフィクション劇場』の制作チームの合い言葉だった。『ノンフィクション劇場』は一九六二年に日本テレビでスタートした民放初の本格的なドキュメンタリー番組である（図1）。カンヌ国際映画祭のテレビ部門でグランプリを受賞した『老人と鷹』（一九六三年）をはじめ、日本兵として戦った韓国籍の傷痍軍人を大島渚が取材した『忘れられた皇軍』（一九六三年）、放送中止事件を巻き起こした『ベトナム海兵大隊戦記』（一九六五年）など、数多くの名作・話題作がここから生まれた。このテレビ史に残るドキュメンタリー番組『ノンフィクション劇場』を率いたのが、テレビプロデューサーの牛山純一[1]である。

一九六四年から三三年間にわたり牛山のもとで番組制作の仕事をした市岡康子は、牛山との印象的な出会いを次のように回想する。

配属の日、牛山は『ノンフィクション劇場』のめざす地平や方法論について二時間以上も大演説を

図１　『ノンフィクション劇場』

ぶち、私を完全に圧倒した。このシリーズは〝現代に生きるある庶民の行動を追跡記録する〟という方法の中で、〝人間の劇性を捉える〟ことを目標としていた。牛山はシュテファン・ツヴァイクの『人類の星の時間』を例にとって、「アムンゼンやマリー・アントワネットのような劇的な生涯を生きた人間でなくとも、無名の人間にも人生に何回かは〝星の時間〟がある筈だ。その瞬間に立ち会えばよい」

と語ったという(2)。

『ジョゼフ・フーシェ』『マリー・アントワネット』などの伝記小説で知られるオーストリアの作家シュテファン・ツヴァイクは、晩年の著書『人類の星の時間』のなかで、人類の歴史の転換点となった瞬間を、闇夜に浮かぶ星の光にたとえて、人類の「星の時間」(Sternstunde)と呼んだ。ツヴァイクは同書で、ゲーテ、ナポレオン、ドストエフスキー、スコットなどの天才が輝きを放った世界史の運命的な瞬間を取り出し、「星の時間」としてドラマチックに描き出した(3)。

牛山純一が『ノンフィクション劇場』で目指したのも、ツヴァイクと同様に、一人の人間のドラマを通して歴史を描くことだった。牛山は個人という小さな窓から社会という普遍を描くことができると考えた。しかも、その個人は必ずしもマリー・アントワネットやゲーテのように歴史に名を残す偉人や天才である必要はない。どんな人間にも一生の間に光輝く瞬間があるはずだ。そんな人生の偶然の瞬間に立ち会い、記録すること。それが牛山たちの作ろうとした「人間くさいドキュメンタリー」だった。

そのような牛山の作法に倣えば、この章もある意味で、牛山純一のヒューマン・ドキュメントを通して歴史を描き出す試みである。牛山純一の人生はどのようにテレビの歴史と交わり、戦後日本の歴史と交わったのか。そこにはどんな偶然の出会いがあり、どんな劇的な瞬間があったのか。牛山の人生に現れた「星の時間」とはどのようなものだったのか。以下では、牛山純一という一人の人間を通して、彼が生きたテレビの歴史、さらには戦後日本の歴史の一断面を描き出してみたい。(4)

2　日本テレビの第一期生として

一九五三年は日本の「テレビ元年」である。この年の二月にＮＨＫが、八月に正力松太郎率いる日本テレビがテレビ本放送を開始した。とはいえ、当時のテレビはまだマスメディアと言えるようなものでは全くなかった。東京でテレビ受像機を持っている人は数百人しかいなかった。テレビ放送の事業としての成功を断言できる経営者など誰もいなかった。テレビが生まれたてのニューメディアだった時代。そんな時代に、民放テレビ第一号の日本テレビに第一期生として入社したのが、牛山純一だった。

牛山純一は満州事変の前年となる一九三〇年、牛山栄治・貞夫妻の長男として、東京で生まれた。五人きょうだいで、姉と妹、二人の弟がいた。父親の栄治は、後に全日本中学校長会の会長や群馬女子短期大学（現在の高崎健康福祉大学）の学長を務めた教育者である。(5) 東京都千代田区にある番町尋常小学校に通っていた牛山に転機が訪れたのは小学五年生の時だった。牛山は結核により肺を患い、茨城県大宮村（現在の龍ヶ崎市）で診療所を営んでいた伯母夫婦のもとに預けられた。(6)

龍ヶ崎での転地療養によって、都会育ちの少年はたくましく成長した。一九四二年春、牛山は大宮国民学校を卒業し、茨城県立龍ヶ崎中学校（現在の竜ヶ崎第一高校）に入学した。前年の一二月八日、日本はハワイの真珠湾を攻撃し、太平洋戦争がはじまった。戦争が長期化するにつれて、勉強どころではなくなり、高射砲の弾丸を削る勤労動員にかりだされた。敗戦を龍ヶ崎で迎え、一九四七年三月に龍ヶ崎中学校を卒業した。農村での生活は七年ほどだったが、本人は終生「龍ヶ崎は自分の故郷」と公言したという。(7)

東京に戻った牛山は、一九四九年四月、一九歳で早稲田大学第一文学部に入学した。大学では敗戦を機に改めて中国やアジアについて学びたいと、東洋史を専攻した。文学部自治会の委員長も務めた牛山の交友関係は幅広かった。後に政治評論家となる三宅久之、水俣シリーズで知られる記録映画監督の土本典昭、田中角栄の政務秘書となった早坂茂三など、牛山は左右を問わず、顔が広かったという。(8) ジャーナリスト志望だった牛山は、一九五三年に大学を卒業し、開局準備に追われる日本テレビに入社した。

こうして牛山のテレビ人生がスタートした。牛山は入社当時のことを次のように振り返っている。

私はテレビ入社一期生であった。私の上を見ても横を見てもテレビの経験をもった人はひとりもいない。だれも教えてくれる人はいない。私の前に広がるのは無限の荒野であり、ひとすじの道も見つけることはできない。だから私のテレビ人生は、いつも臆病になろうとする心を励まし、目をつむって荒野に足を踏み出すことからはじまった(9)

最初に編成局報道部に配属された牛山は、政治担当の放送記者となった。一般的に、政治担当の放送記者と言えば、政治家を取材し、放送原稿を書き、アナウンサーに渡すのが主な仕事である。しかし、この頃の牛山は、多少なりとも政治や国際問題が絡む話題があれば、放送記者から、実況中継のディレクター、報道番組プロデューサー、スタジオでの政治家座談会、フィルム構成による特集番組、その他新しい番組の企画まで、何でもやった。牛山はゼロからテレビ報道を開拓していったと言っていい。

なかでも中継番組の腕を買われて抜擢された最大の仕事が、一九五九年四月の「皇太子ご成婚」中継の総合プロデューサーである。視聴者が一番見たいのは花嫁の表情だと考えた牛山は、他局のようにヘリコプターの空撮映像やフィルムのインサート映像を一切使わず、アップを多用した生中継で美智子妃の顔を追い続けた。放送評論家の志賀信夫はその時のことを次のように回想する。

これは皆ね「牛山にやられた」って言ってね、皆参ってたんです。て言うのはね、角の良いビル、キャメラを置ける所を全部押さえたんですよ。良いところは全部牛山が押さえたんです。それでね、そこにレールを付けてですね、そして馬車と一緒にレールを走らせて中継してですね、そして「美智子のアップだけ撮れ!」っていうんでね。「後はいらん!」ってね。「アップだけ撮れ!」って牛山の命令で、ついにスタジオにあるキャメラまで全部持ち出してって撮ったんです。これが「牛山って男はただもんじゃねェな」ってことになって、要するに局外の連中、NHK、民放、他の連中

が皆「牛山の野郎」「この野郎」ってなようなことになったんです[10]

この「皇太子ご成婚」中継を機に、テレビの普及に一気に弾みがついたと言われる。前年の一九五八年には、全国各地にテレビ局が大量開局し、テレビ放送のカバーエリアが全国へと広がっていった。NHKのテレビ受信契約数は、五八年に一〇〇万件、五九年には二倍の二〇〇万件に達した。当時、全国の一五〇〇万人が「皇太子ご成婚」の生中継をテレビで見たという。この年、テレビは早くも総広告費でラジオを抜き、マスメディアの主役交代を印象づけた。前年に結婚した牛山は二九歳になっていた。

牛山はその後も、テレビ一期生として、様々な報道に携わり、番組の企画・開発に挑んだ。夜一一時台のニュースワイド番組『ニュースデスク』（一九五九—六〇年）では、ニュースキャスターを初めて起用した。六〇年安保では安保取材班の総責任者を務めた。この他、毎回ひとつのテーマで日本列島各地を結ぶ『リレー構成ニッポン』（一九六一—六三年）、NHKラジオの『日曜娯楽版』をヒントにした『カメラ日曜版』（一九六一—六四年）、外国人の目で日本の社会を批評する『ニッポン問答』（一九六一—六五年）などの番組を次々に企画した。しだいに牛山のなかで民放テレビのゴールデンアワーにドキュメンタリー番組を作りたいという思いが募っていった。

3　『ノンフィクション劇場』の署名性

一九六〇年、日本テレビでは新たに報道局が誕生し、定時ニュースを担当する報道部、報道番組を担当する社会部などにわかれた。定時ニュースは「断片的過ぎる。自分が言いたいことが言えない」と考えはじめていた牛山は、新天地を求めて社会部を志望した。「まとまった時間をかけて、まとまった内容を紹介できて、さらには紹介だけではなくて解説したり分析したり、ときには自分の多少のメッセージも加えたり、そういうところまで持っていけるような署名性のあるテレビ番組を作りたい[11]」と考えた牛山は、ゴールデンアワーの新しい社会番組の開拓に取り組んだ。これが一九六二年にスタートしたドキュメンタリー番組『ノンフィクション劇場』（一九六二—六八年）である。

『ノンフィクション劇場』を企画するにあたって、「人間くさいドキュメンタリー」という合い言葉と同時に、牛山がこだわったのが、制作者の署名性、作家性だった。牛山はこう述べている。

記録というものは「読み人知らず」であってはいけない。記録というものは「誰かの記録」でなければ記録の意味も、学問的な価値も明らかにならない。ある時代のある個人が、ある動機にもとづいて、ひとつの事象を判断した「記録する行為」が記録そのものなのだ[12]

当時、NHKではドキュメンタリー番組の草分けと言われる『日本の素顔』（一九五七—六四年）がはじまり、話題になっていた。『日本の素顔』が、どちらかと言えば「客観的」で「科学的」なドキュメンタリーを志向したのに対して、牛山の『ノンフィクション劇場』が目指したのは、もっと「主観的」で「文学的」なドキュメンタリーだった。「ノンフィクション」と「劇場」というあえて矛盾する言葉を組み合わせたタイトルには、「事実を記録しながらも、作家が自分の考えで作品を創造する番組なのだという意図[13]」が込められていた。

牛山はこうした作家性のある番組を作り出すために、日本テレビのスタッフばかりでなく、社外の映

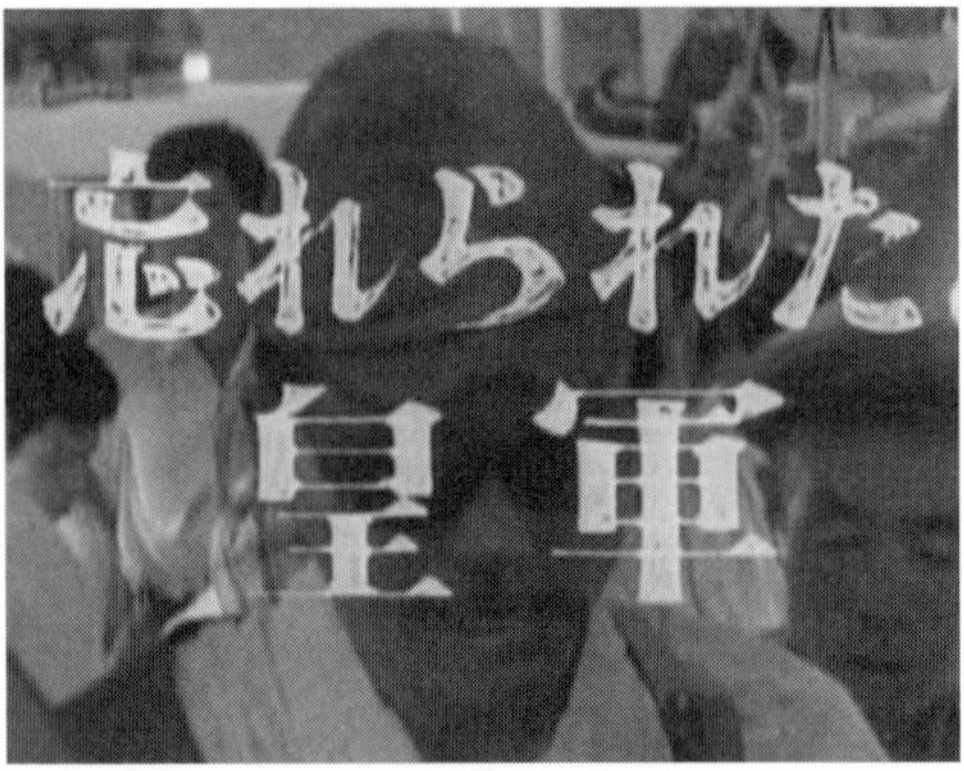

図2　『忘れられた皇軍』

画人やジャーナリストたちに積極的な参加を呼びかけた。この呼びかけに、西尾善介、大島渚、早坂暁、羽仁進、新藤兼人、望月優子、堀川弘通、野田真吉、土本典昭、黒木和雄、豊臣靖、東陽一、杉原せつ、長野千秋、樋口源一郎、森口豁、阿部博久など、ベテランから新進気鋭の若手までそうそうたる面々が集まった。

なかでも松竹ヌーヴェルヴァーグの旗手だった大島渚は、日本兵として戦った韓国籍の傷痍軍人を描いた『忘れられた皇軍』（一九六三年八月一六日、図2）、ダム建設に反対する「蜂の巣城」（熊本県・大分県の下筌ダム）の攻防を描いた『反骨の砦』（一九六四年七月五日）、国交正常化以前の韓国を取材した『青春の碑』（一九六四年一一月一五日）など、数多くの傑作を『ノンフィクション劇場』で発表した。戦後一八年目の夏に放送された『忘れられた皇軍』では、戦争の加害責任を忘れ、所得倍増の夢に浮かれる日本人に、大島が強烈な問いを投げつけた。「日本人たちよ、私たちよ、これでいいのだろうか、これでいいのだろうか」という結びのナレーションはあまりにも有名だ。大島はこの番組に込めた思いを次のように語る。

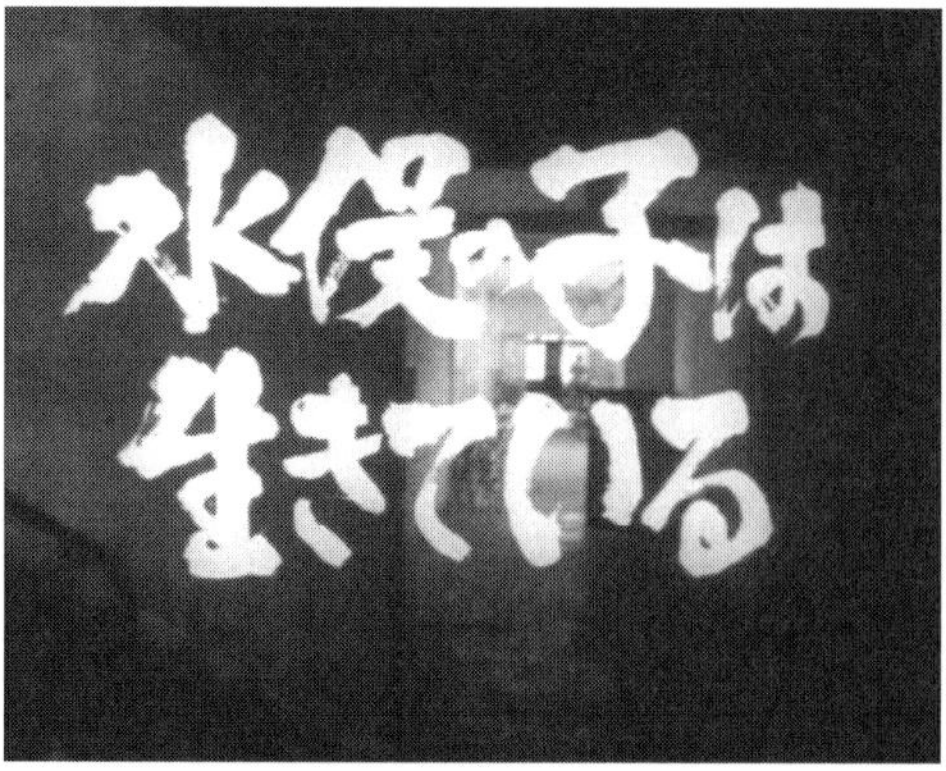

図 3　『水俣の子は生きている』

私は、この人達の無残な傷口や、悲惨な生活をすべての日本人に見てもらいたいと思って、それを映像にとらえたのであるが、それらにもまして私が何としても映像にとらえたい、そしてその映像によって、すべての日本人の胸に突き刺させたいと思ったのは、この人たちの体の傷口や生活よりももっと無残で、もっと悲惨なこの人たちの心の傷口であった[14]

また岩波映画出身の記録映画監督・土本典昭も、公式確認から一〇年で急速に忘れられる水俣病の子供たちを取材した『水俣の子は生きている』（一九六五年五月二日、図3）、広島県尾道市で港湾整備のために退去を命じられる戦後の引揚者や朝鮮人を描いた『市民戦争』（一九六五年一二月一二日）など、鮮烈な印象を与える作品を残した。とくに『水俣の子は生きている』は、土本が水俣病と初めて向き合った重要な作品である。その後に彼が生涯をかけて水俣病の記録映画を連作していくきっかけとなった。土本は牛山との仕事の思い出を次のように述べている。

テレビでやれないことはない、言えないことはない、というのが彼が僕によく言ってたことなもんですからね。彼は僕が岩波なんかで、テレビでお蔵を作ったことをよく知った上でね、それで、こう始めようと。僕は民放のドキュメンタリーの青春を彼に感じたですね⑮

こうした社外の映画人との交流が、テレビ制作者たちに大きな刺激を与えたことは想像に難くない。サリドマイド児「貴くん」の成長を追った池松俊雄の一連の作品群をはじめ、秋田県の出稼ぎ家族を追った菊池浩佑の『父と子―ある出稼ぎ村で―』（一九六五年二月七日）、一一人の大家族に密着した市岡康子の『多知さん一家』（一九六五年六月二七日）、本土復帰をめぐって揺れる沖縄の若者たちを描いた豊臣靖・森口豁の『沖縄の十八歳』（一九六六年七月二一日）など、この番組から数多くの秀作が生まれ、作り手が育っていった。『ノンフィクション劇場』は草創期の民放テレビを代表するドキュメンタリー番組として評価を高めていった。

『ノンフィクション劇場』がスタートした一九六二年、海外では、ソ連がキューバに中距離ミサイル基地を建設し、ケネディ大統領はキューバの海上封鎖を宣言した。この「キューバ危機」によって、東西冷戦の緊張が一気に高まった。国内では、東京都の人口が世界で初めて一〇〇〇万人を超えた。経済発展で農村からの人口流入が進み、日本の社会構造は大きく転換した。この年、NHKのテレビ受信契約数は一〇〇〇万件を突破した。ビデオ・リサーチが設立され、視聴率調査が本格的にはじまった。アメリカの冷戦戦略に組み込まれながら、日本は高度経済成長に突き進んでいった。そんななか、テレビ史に残るあの事件が起こった。

4 『ベトナム海兵大隊戦記』放送中止事件

牛山純一は『ノンフィクション劇場』で、アメリカの軍政下にあった沖縄諸島、国交正常化以前の韓国、泥沼の戦争が続いていたベトナムなど、アジアの諸民族の今日の姿を描くことに情熱を感じていた[16]。牛山と一緒に数多くの番組を作った大島渚は言う。

私たちのドキュメンタリーの主なテーマは「アジア」あるいは「アジアの戦争」です。これは、二人の人生のなかで共通して一番大きなものとしてありましたから、これに関するいいテーマを探し出すと、彼は私に依頼したんです。仕事に関しては、彼は全く口をはさまず、私がやりたいようにやらせてくれました。結果として、これらの仕事は、牛山さんのドキュメンタリーのある意味でのバックボーンをなすものになったと思います[17]

しかし、そんな牛山を大きな危機が襲った。一九六五年の『ベトナム海兵大隊戦記』放送中止事件である。ベトナム戦争が拡大するなか、牛山はカメラマンの石川文洋ら取材班を率いて自らベトナム入りし、南ベトナム解放民族戦線（通称「ベトコン」）の掃討作戦を繰り広げる南ベトナム政府軍に密着した。三回連続の放送予定だったが、五月九日に放送された第一部が問題となった。内容は、主人公である中隊長のグエン大尉が、戦争という極限の状況のなかで人間性を喪失していく有様を描いたものだった。だが、そのなかで政府軍の兵士が少年を射殺し、その首を切るシーンが「残酷すぎる」と政府・自民党から批判され、続編となる第二部、第三部の放送が中止されたのだ。

ベトナム戦争は一九五四年に南北に分断したベトナムの民族統一と独立をめぐりはじまった。冷戦を背景に、北ベトナムを旧ソ連や中国などの社会主義陣営が支援し、南ベトナムをアメリカなどの資本主義陣営が支援したことから、東西冷戦の代理戦争と言われた。一九六五年二月、アメリカは北ベトナムに対する爆撃（北爆）を開始し、三月には米海兵隊を上陸させた。佐藤栄作政権はアメリカの軍事介入を支持し、米軍基地の使用や物資の補給面で協力した。一方で、四月には小田実や鶴見俊輔の呼びかけで「ベトナムに平和を！市民文化団体連合」（ベ平連、後に「ベトナムに平和を！市民連合」に改称）が結成されるなど、戦争に反対する市民運動も高まった。

こうして国内でもベトナム戦争への関心が高まるなか『ベトナム海兵大隊戦記』の第一部が放送された。日米安保体制を堅持したい政府・自民党はこれに敏感に反応した。当時の橋本登美三郎官房長官から直接、日本テレビの清水與七郎社長（当時）のもとに「内容が残酷ではないか」との電話が入った。当初、番組は局内外で好評だったが、これを機に状況が一変した。「再三重役会を開いて検討した結果、『残酷すぎることを認め、自粛の意味で第二部、第三部の放送を中止する』ことが決まった[18]」。中止を告げられた日は雨が降っていた。牛山は命がけで撮影を敢行したスタッフと肩を落とし、泣きながら駅まで歩いたという[19]。

当時、政府・自民党はベトナム戦争や国内の反戦運動に関するテレビ報道に、神経をとがらせていた。実際、この時期、政治介入やスポンサー圧力による放送中止や自主規制事件が頻発した。たとえば『戦争と平和を考えるティーチ・イン』（東京12チャンネル、一九六五年）、『ある青春の模索〜平和運動のなかで』（フジテレビ『ドキュメンタリー劇場』、一九六六年）、『成田二十四時』（TBS『カメラ・ルポルタージュ』、

図4　『南ベトナム海兵大隊戦記』

一九六八年）などが、次々放送中止に追い込まれていった。また西側のテレビとして初めて北ベトナムを取材した『ハノイ　田英夫の証言』（TBS、一九六七年一〇月三〇日）は、政府・自民党から共産主義を宣伝する偏向番組であると非難され、田英夫がニュースキャスターを降板するきっかけとなった。政治家たちにとってテレビの影響力はもはや無視できないものになっていた。

『ベトナム海兵大隊戦記』放送中止事件は、報道機関として力を蓄えつつあったテレビと、それを利用したい国家権力がぶつかりあい、テレビが敗北した象徴的な事件だった。牛山は言う。

「ベトナム海兵大隊戦記」は当時のアメリカと日本政府のベトナム政策に対して批判的な色彩をもっていたので、「残酷」は表面的な論議で実際は政治問題だったと思う。私が痛感したのは放送可否の議論ではなく、報道機関としてのテレビの報道番組へのとり組み方の不足と、自主性の問題であった。（中略）そういう日常の報道活動への取り組み方の弱さが、報道機関の主体性をあいまいにするのである。個々のプロデューサー、ディレクターの意見と社の編集方針とのくいちがいが起こるのは日常のことである。問題はそれを最終的に決定する人々が、テレビが報道機関であると自覚をもっているかどうかなのである[20]。

『ベトナム海兵大隊戦記』の第二部以降はついにブラウン管に流れることはなかった。しかし、残された素材は後に五〇分版の総集編『南ベトナム海兵大隊戦記』(一九七一年、傍点は筆者、図4)にまとめられ、日本テレビが主催した映像記録の国際シンポジウムで日の目を見ることになった。

5　テレビ民族誌『すばらしい世界旅行』

この苦い経験をきっかけに、牛山は『ノンフィクション劇場』のプロデューサーを離れ、新しいドキュメンタリー番組の開拓に向かった。世界の様々な地域の珍しい文化や生活を映像で紹介する新しい番組はできないか。こうして生まれたのが、『すばらしい世界旅行』(一九六六—九〇年、図5)である。久米明の印象的なナレーションや、スポンサーであった日立製作所の「この木、何の木、気になる木〜」というCMソングとともに、日曜夜のゴールデンアワーで二四年間にわたって親しまれた長寿番組である。東京オリンピックが開催された一九六四年、日本人の海外旅行が自由化されたが、まだ海外旅行は庶民にとって高嶺の花だった。

『すばらしい世界旅行』への牛山の転向を、ジャーナリズムの後退だと批判する見方もあった。大島渚も、『ベトナム海兵大隊戦記』放送中止事件は牛山にとって大きな転機だったと証言する。

図5 『すばらしい世界旅行』

少なくともあれ以後、牛山さんは現実の事件を対象とせず、人類学的な作品へと向かっていった。そのように仕事が限定されたという意味で、やはり放送中止の挫折は大きかったと思います[21]

確かに、こうした側面があったことは否定できない。牛山自身「テレビの枠内でジャーナリスティックな姿勢を貫くことの限界を思い知らされた[22]」と述べている。しかし一方で牛山には、その地域に生きる人々の生活背景や価値観への認識なしに、現象的な報道をしているだけでは、事件や戦争の意味を理解できないのではないか、という思いもあった。

> たとえば、ベトナムの戦場だけをいくらかけまわってもベトナム戦争の本質は摑めない。やはりベトナムの歴史、社会、民族生活、宗教など多様な文化的な視点で、できるだけ長く現地に滞在して、見つめ、記録する方法の中でしか、正確な意味での「アジア」も「ベトナム」も理解することはできない[23]

この言葉通り、牛山は『すばらしい世界旅行』に徹底した現場主義を持ち込み、これまでにない海外取材番組を目指した。非ヨーロッパ世界の民族文化、生活、感情、価値観をできるだけ詳しく記録し、紹介するために、スタッフは地域担当制とし、一年の半分は現地で生活・取材することとした。また、泉靖一（東京大学）、岡正雄（東京外国語大学）、山口昌男（東京外国語大学）、石川榮吉（東京都立大学）ら第一線で活躍する文化人類学者たちと親しく交流し、番組への協力を仰いだ。こうして、豊臣靖が世界初の東ニューギニア縦断に成功した『東ニューギニア縦断記』（一九六九年一月三〇日）や、市岡康子が撮影に足かけ三年、延べ七カ月を要した『クラ―西太平洋の遠洋航海者』（一九七一年一〇月二四日、三一日、一一月七日）など、数多くの名作が生まれた。

一九七一年、日本テレビの機構改革に伴って、制作局次長に昇格した牛山は、管理職よりも生涯現場で制作を続けることを選び、日本テレビ退社を決意した。この年の一二月、独立系のテレビ番組制作会社である日本映像記録センター（NAV）を設立し、『すばらしい世界旅行』のスタッフとともに移籍した。「管理職ではなく制作者でありたかった。それに、局にいると、人事異動でスタッフが固定しない。番組の質を維持するためにも、その方がいいと考えた[24]」という。テレビ局を離れてドキュメンタリー専門の制作者集団を旗揚げするという新たな挑戦だった。牛山は四一歳になっていた。

実はこの時期、マスメディアとして巨大化したテレビは大きな曲がり角に立っていた。NHKのテレビ受信契約数は一九六七年に二〇〇〇万件を超え、六九年にはついに普及率九〇パーセントを突破した。一九七〇年の大阪万博を機に、カラーテレビが大衆化し、一九七二年にはカラーと白黒の契約数が逆転した。一方で、「いざなぎ景気」が終わったこの時期、カラー化の設備投資や制作費の高騰に悩んだテレビ局にとって経営の合理化が大きな課題だった。各局は番組制作の外注化や一部分離を進めた。一九七〇年には、TBS系の木下恵介プロダクションやテレビマンユニオンなど、テレビ番組制作会社の設立が相次いだ。牛山の独立の背景にも、こうしたテレビ合理化の流れがあったことは否定できない。

とはいえ、独立した牛山はこの日本映像記録センターを拠点に、その後も精力的に番組制作を続けた。徹底した現場主義と長期取材によって作られた『すばらしい世界旅行』は、二四年間に一〇〇〇本を超す作品を生み出した。これらは映像を通して世界の民族や文化を紹介する「テレビ民族誌」として国内外で高く評価された。牛山はテレビという狭い枠にとどまらず、アメリカの人類学者マーガレット・ミードや、フランスの映画監督でシネマ・ヴェリテ運動の創始者ジャン・ルーシュなど、世界中の学者や映像作家たちとも幅広く交流した。

一九七三年には、アメリカ・シカゴの第九回国際人類学・民族学会議でミードを議長とする映像人類学国際会議が開催され、牛山も「テレビ報道にとっての映像人類学」と題する報告をした。日本民族学会（現在の日本文化人類学会）会長を務めた石川榮吉は「単にテレビドキュメンタリーの先駆者・確立者というだけでなく、われわれの学問分野においても、映像人類学の日本における創始者といってさしつかえないと思います[25]」と述べている。

さらに、牛山は『生きている人間旅行』（テレビ東京、一九七五―八五年）、『知られざる世界』（日本テレビ、一九七五―八五年）など、他のシリーズ番組をプロデュースする傍ら、映像文化を育て、その裾野を広げる活動にも熱心に取り組んだ。『映像記録選書』を発刊し、海外の優れたドキュメンタリーや映像人類学の紹介に努めた[26]。また市民一人ひとりが映像を道具として自由に使いこなす時代を夢見て、当時としては画期的なアマチュアを対象とした映像コンクール「日本映像フェスティバル」（一九七三―九三年）を開催した。さらに世界のドキュメンタリーの収集・保存を進める文化施設として「日本映像カルチャーセンター」（一九七九―九四年）を設立した。牛山はその意図について次のように述べている。

私たちが二五年間に記録してきた映像は一種の人類の文化資産であると思っている。「すばらしい世界旅行」で記録した諸民族の行動パターンは、もう二度と撮影できないものばかりだし、「知られざる世界」の細胞のフィルムは、たとえ二、三秒のものでも、三、四時間かけてとった貴重な記録である。また現代史を形成する重要な記録映像――たとえば東京裁判の膨大な法廷フィルム、中国の現代史に関するフィルムなどその価値ははかり知れない。にもかかわらず、一般の人は一度放送が終わると、再び見るわけにはいかない。私はこれらのものを集大成した「ドキュメンタリーの図書館」といったものを作り上げたいと思っている[27]

牛山が構想したこの「ドキュメンタリーの図書館」は、いまで言う映像アーカイブの先駆けだった。その視野の広さと先見性には改めて驚かされる。

6　テレビに見た「夢」

生涯にわたってドキュメンタリーに情熱を傾けた牛山のテレビ人生を振り返りながら、テレビ史、戦後史の一断面をたどってきた。牛山は、あらゆる仕事において「初めて」と言われる経験を繰り返し、パイオニアとしてテレビという新しいメディアに挑んだ。「私たちにとって、『テレビ』は夢を見る対象であった。みんなテレビに『夢』を見ていた」[28]と牛山は語る。テレビ一期生としての牛山の歩みは、その栄光も挫折も含めて、テレビの歩み、戦後日本の歩みと重なり合う。

こうした牛山のテレビ人生を背後で支えていたものは何だったのだろうか。それは牛山の原体験から来る「アジア」あるいは「アジアの戦争」への強い関心だった。

私自身は「日本とアジア」が国家テーマだった時代に少年時代を過ごしました。大東亜戦争は正義の戦争であるというふうに信じておりました。日本が西洋の文明、文化の侵略に対抗してアジアの人々のために働く、アジアを解放するんだという正義感に支えられて、少年時代の精神形成を行ってきたと思います[29]

敗戦後、アジア民族解放とは何だったのか、あの戦争とは何だったのかという問いが牛山の心から離れることはなかった[30]。その後、大学で東洋史を学び、ジャーナリストとして日本テレビに入社した。放送記者から『ノンフィクション劇場』、『すばらしい世界旅行』にいたるまで、テレビ報道の仕事のなかで、いつも牛山の意識の底にまとわりついて離れなかったのが「アジアを描く」ことだった。「激動するアジア」「変わらないアジア」を描き続けることを、牛山は仕事の中核に据えてきたという[31]。

晩年の牛山が原点に返って取り組んだのもやはり「アジア」「アジアの戦争」だった。昭和と冷戦が終わり、『すばらしい世界旅行』も終了間近となった一九八九年、牛山は一ディレクターに戻り、番組制作を再開した。日本の韓国併合時代を取材で掘り起こした『あの涙を忘れない！日本が朝鮮を支配した36年間』（テレビ朝日、一九八九年八月一四日）、終戦時の満州移民の悲劇を追った『消えた女たちの村あの時日本人開拓団に何が起こったか』(同、一九九〇年八月一五日)、ニューギニア戦線で飢餓と病気で死んだ日本兵の悲惨を描いた『ニューギニアに散った16万の青春』(同、一九九一年八月一四日)など、自ら取材の前線に立ち、戦争三部作を完成させた。

なかでも『あの涙を忘れない!日本が朝鮮を支配した36年間』は、戦争に巻き込まれた朝鮮民衆の声を加害者の立場から取材し、日本の植民地統治下での苦難の思いに迫った番組である。当時のテレビ朝日編成局長だった小田久栄門が「韓国人の対日感情の底をえぐるような番組を作ってみないか」と呼びかけ、牛山が応えたという。牛山は番組に込めた思いを次のように語る。

昭和二八年の開局以降、テレビのゴールデンアワーで、日本が朝鮮を植民地支配した歴史を真正面から取り上げた番組は皆無であったと思う。日韓近現代史を取り上げることは、テレビ界のタブーであった。しかし、日本の「戦後」は、こうしてタブーを破壊しなければ終わらない(32)

戦後七〇年が過ぎた。テレビも放送開始から六〇年あまりが経った。果たして牛山がかつてテレビに見た「夢」はどの程度実現しただろうか。牛山はテレビ番組にも署名性や作家性が必要だと訴え続けた。また放送中止事件をめぐっては、テレビに報道機関としての自主性がないことを心から嘆いた。またテレビの可能性を広げるために、率先して国内外の放送人、映画人、学者、市民たちと交流した。新しい時代の到来を見据えて、映像アーカイブの実現にも情熱を燃やした。さらに、終始一貫アジアにこだわりを持ち続け、テレビはアジアの戦争の歴史に向き合うべきだと訴えた。こうした牛山の問題提起はいまも決して色褪せていない。いやそれどころか、自由な批判精神や大胆なチャレンジ精神を失ったテレビの現状を考えるとき、ますますその星のような輝きを増しているとさえ思うのだ。

注

（1）牛山純一（一九三〇―九七年）。テレビプロデューサー。東京生まれ。一九五三年、早稲田大学第一文学部を卒業後、民放テレビ第一号の日本テレビ放送網に第一期生として入社。政治担当の放送記者から出発し、一九五九年の「皇太子ご成婚」中継では総合プロデューサーも務めた。その後、一九六二年に民放初の本格的ドキュメンタリー番組『ノンフィクション劇場』（一九六二―六八年）を立ち上げ、数多くの名作を生み出した。また『すばらしい世界旅行』（一九六六―九〇年）は貴重なテレビ民族誌として国内外で高く評価された。一九七一年には、独立系のテレビ番組制作会社である日本映像記録センターを設立。生涯に演出・制作したドキュメンタリー番組は二〇〇〇本以上に及ぶ。テレビ界のパイオニアとしての活動が評価され、芸術選奨文部大臣賞、日本記者クラブ賞、紫綬褒章などを受けた。

（2）市岡康子「制作者牛山純一との33年間」『放送文化』第四四号、一九九八年、三九頁。

（3）シュテファン・ツヴァイク（片山敏彦訳）『人類の星の時間』みすず書房、一九九六年。

（4）本章の執筆にあたっては、牛山純一「素晴らしきドキュメンタリー（連載・全一五五回）」（『東京新聞』一九九〇―九二年）、鈴木嘉一「テレビは男子一生の仕事　評伝・牛山純一（連載・第一―二五回）」（『GALAC』第五二六―五五五号、二〇一三―一五年）を参考にした。

（5）鈴木嘉一「テレビは男子一生の仕事　評伝・牛山純一（第四回）」『GALAC』第五三〇号、二〇一三年、五六―五九頁。

（6）鈴木嘉一「テレビは男子一生の仕事　評伝・牛山純一（第五回）」『GALAC』第五三一号、二〇一三年、六二―六五頁。

（7）鈴木嘉一「テレビは男子一生の仕事　評伝・牛山純一（第六回）」『GALAC』第五三二号、二〇一三年、五四―五七頁。

（8）鈴木嘉一「テレビは男子一生の仕事　評伝・牛山純一（第七回）」『GALAC』第五三三号、二〇一三年、五六―五九頁。
（9）牛山純一「テレビ・ジャーナリズムの25年　ある体験的ドキュメンタリー論」『世界』第三九二号、一九七八年、一〇五頁。
（10）牛山純一研究委員会『映画「テレビに挑戦した男　牛山純一」公式パンフレット』二〇一一年、一〇頁。
（11）牛山純一「これからのドキュメンタリーと技術」『映画テレビ技術』第四一三号、一九八七年、五一頁。
（12）牛山、前掲論文、一九七八年、一一〇頁。
（13）濱崎好治「制作者研究〈テレビ・ドキュメンタリーを創った人々〉第3回　牛山純一（日本テレビ）〜映像のドラマトゥルギー〜」『放送研究と調査』第七三二号、二〇一二年、八九―九〇頁。
（14）大島渚『魔と残酷の発想』芳賀書店、一九六六年、一九四頁。
（15）牛山純一研究委員会、前掲書、一二頁。
（16）牛山、前掲論文、一九七八年、一一一―一一二頁。
（17）大島渚「アジアの戦争を見つめた牛山純一」『放送文化』第四四号、一九九八年、四四頁。
（18）牛山、前掲論文、一九七八年、一一二頁。
（19）読売新聞芸能部編『テレビ番組の40年』日本放送出版協会、一九九四年、五一一頁。
（20）牛山、前掲論文、一九七八年、一一三頁。
（21）大島、前掲論文、一九九八年、四四頁。
（22）読売新聞芸能部編、前掲書、五一二―五一三頁。
（23）牛山、前掲論文、一九八七年、五五頁。
（24）読売新聞芸能部編、前掲書、五一四頁。
（25）石川栄吉「映像人類学の提唱者牛山純一」『放送文化』第四四号、一九九八年、四五頁。
（26）エリック・バーナウ（近藤耕人訳、佐々木基一・牛山純一監修）『世界ドキュメンタリー史』日本映像記録センター、一九七八年。ポール・ホッキングス、牛山純一編(石川栄吉監修)『映像人類学』日本映像記録センター、一九七九年。

(27) 牛山、前掲論文、一九七八年、一二一頁。

(28) 牛山純一「素晴らしきドキュメンタリー(第五二回)」『東京新聞』一九九〇年一二月三日付夕刊。

(29) 牛山、前掲論文、一九八七年、五五頁。

(30) 濱崎、前掲論文、九八頁。

(31) 牛山純一「素晴らしきドキュメンタリー(第五回)」『東京新聞』一九九〇年六月一八日付夕刊。

(32) 牛山純一「素晴らしきドキュメンタリー(第二回)」『東京新聞』一九九〇年六月五日付夕刊。

第4章　お前はただの現在にすぎない
――萩元晴彦・村木良彦と『あなたは…』

1　物語としてのテレビ

テレビは、日々、視聴者に物語を提供する。家族の物語、恋人たちの物語、栄光と挫折の物語、心温まる感動の物語、ぞっとするような恐怖の物語……。私たちの身のまわりは、テレビが作り出す数々の物語でいつも溢れかえっている。私たちはこれらの物語をある種の快楽を伴いながら消費することにすっかり慣れてしまっている。

物語というと、ドラマに代表されるフィクションの物語ばかりが思い浮かぶかもしれないが、テレビが作り出す物語は決してそれだけではない。たとえば、社会学者の井上俊は、報道の「物語性」を捉えて次のように述べる。

メディアは、一方ではみずからが報道する事件や出来事の「異常性」や「異例性」を強調するが、同時に他方ではそれらが理解不可能なほど異常でも異例でもないことを示そうとする。その意味で、メディアは、事件や出来事を単に報道するというよりは、それらに一定の筋道を与えながら「物

語」るのである[1]

ニュースやワイドショーやドキュメンタリーといったノンフィクションの語りも、事件や出来事を意味づけ、解釈し、説明するという点では、れっきとした物語である、というわけである。物語はフィクションの「専売特許」ではない。フィクションとノンフィクションを区別するのは、それが物語形式を採用しているか否かという点にではなく、むしろ、それが「架空（虚構）の物語」として語られているか「本当（現実）の物語」として語られているかという点にある。

いずれにせよ、テレビというメディアはこれらの「虚構」あるいは「現実」の物語を巧みに編成しながら、視聴者の関心に訴えかけようとする。それらの物語は、あまりに「出来そこないの物語」であってもいけないし、あまりに「出来すぎた物語」であってもいけない。視聴者が素直に納得し、理解できるだけの「自然さ」を備えていなければならない。十分な「自然さ」をもって大多数の視聴者を納得させることができれば、それは単なる個人の物語ではなく、社会的に共有された物語、すなわち「私たち」の経験を組織化し、秩序づける公共の物語となる。

日本のテレビ放送がこのような社会的物語を提供するメディアとして力を持つにいたったのは、一九五〇年代末から一九六〇年代にかけてのことである。[2] この時期、高度経済成長の軌跡と密接に絡まりあいながら、日本のテレビ放送はマスメディアとして劇的な成長を遂げた。この過程で、テレビが提供する様々な物語は、人々の社会生活に確かなリアリティをもって受け入れられるようになっていく。平和と民主主義の物語、大衆消費社会の物語、進歩や近代化の物語、単一民族の物語、一億総中流の物語……。テレビが提供するこれらの物語はしばしば互いに共鳴しあいながら、日本を均質的で一体感の強い中産階級社会だとみなす戦後日本の市民社会の自己イメージ形成に力を貸していった[3]。

しかし、大学闘争やベトナム反戦運動が盛り上がった一九六〇年代後半には、これらの支配的な物語を問い直す動きも活発化した。テレビの支配的な物語によって周縁化されてきた人々が、従来の物語の書き換えや新たな物語の形成に取り組みはじめた。それだけではない。このような挑戦はさらに、物語という形式そのものへの根本的な批判にもつながっていった。そこで目指されたのは、Aという物語の代わりに、より「自然」で「普遍的」なBという物語を作り出すことではない。「自然」で「普遍的」な装いのもとに何かを物語ろうとすることそのものをラディカルに乗り越えることが試みられた。

以下では、そうした越境的想像力の系譜を探ってみたい。取り上げるのは、一九六〇年代にドキュメンタリー制作の現場で、このような「反物語」的とも言える試みを精力的に展開し、大きな波紋を巻き起こすことになる二人のディレクター、TBSの萩元晴彦と村木良彦である。彼らはいくつかの実験的な番組作りを通して、急速に整備されつつあるドキュメンタリーの表現形式に対抗し、それらを変革していこうとした。後に述べるように、物語の形式を否定しようとする彼らの「反物語」の試みは、フィクション（虚構の物語）とノンフィクション（現実の物語）の境界をも軽やかに乗り越えてしまう。テレビが物語のメディアとして成長していく一九六〇年代に、彼らはどのようにテレビのもうひとつの可能性を探ろうとしたのであろうか[4]。

2　劇映画的手法を超えて

かつて『NHK特集』（一九七六―八九年）のプロデュースを担当するNHKスペシャル番組部長だっ

た藤井潔は、一九六〇年代を振り返って、「民放では、TBSのドキュメンタリーが、民放ドキュメンタリーの大きな柱となっていた」と述べている。[5] そこで藤井が「刺激に満ちていた」と語るTBSの『現代の主役』や『マスコミQ』の制作の一翼を担っていた人たちこそ、萩元晴彦や村木良彦であった。

一九三〇年、長野県飯田市に生まれた萩元晴彦は、早稲田大学露文科を卒業後、一九五三年にラジオ東京（現在のTBS）に入社した。ラジオ番組の演出を長く担当したのち、一九六三年テレビ報道部に転じる。以後『現代の顔』、『カメラ・ルポルタージュ』、『現代の主役』、『マスコミQ』などでドキュメンタリー番組の演出に関わっていった。一方、一九三五年仙台市に生まれた村木良彦が、東京大学文学部美学科を卒業してラジオ東京に入社したのは、萩元に遅れること六年の一九五九年のことである。村木は最初ドラマ番組のディレクターとなったが、一九六六年に報道局に移り、萩元と同じく『現代の主役』や『マスコミQ』でドキュメンタリーの演出に携わる。村木と萩元は一九六六年に『あなたは…』を共同演出するなど、時に二人で、時に単独で、この時期、精力的に活動を展開していった。村木は当時のことを次のように回想する。

そのころ私がいたTBSは、まだ〈ドラマのTBS〉で飯を食っていられた時代で、私自身もドラマを作っていました。六〇年代の半ば頃に、突然、〈ドキュメンタリーをやれ〉と言われて、そのときに命じられたのが〈「ノンフィクション劇場」ともNHKとも違うものを作れ〉ということだったんです。当時はみんなドキュメンタリーのノウハウがなく、手探りで始めたのが、「現代の主役」とか「マスコミQ」という番組だったんですね。ですからそこでは劇映画的手法ではなく、もっと別の方法はないかということで、いろいろ実験的な試みをしました[6]

このとき彼らはどのような意味で「実験的」だったのだろうか。彼らがそこで乗り越えようとしたものはいったい何だったのか。まずは当時のドキュメンタリー番組を取り巻く状況を概観してみよう。テレビがマスメディア化していく一九六〇年代は、同時に、ドキュメンタリーがテレビ・プログラムとして確固たる地歩を築いた時代でもあった。この時期、ニュースやドキュメンタリーなどそれぞれの領域において、公共的な語りの形式が急ピッチで確立され、その表現が洗練されていった。[7] 一九六〇年代半ば、ドキュメンタリー番組は空前の活況を呈していく。

NHKは、『日本の素顔』(一九五七―六四年)と教育テレビの『現代の記録』(一九六二―六四年)を統合する形で、一九六四年から新たに『現代の映像』(一九六四―七一年)を開始した。その他、ヒューマン・ドキュメントとして『ある人生』(一九六四―七一年)、風土と人々の暮らしを描く紀行ドキュメントとして『新日本紀行』(一九六三―八二年)、技術を人間生活との結びつきという視点で捉えた科学ドキュメンタリーとして『あすをひらく』(一九六七―七一年)などが放送された。

日本テレビ系では、牛山純一をプロデューサーとする『ノンフィクション劇場』(一九六二―六八年)が民放初の本格的ドキュメンタリー番組として注目を集めた。『日本の素顔』と双璧をなす番組として語られることの多いこの番組は、西尾善介、大島渚、土本典昭といった人材を映画界に求め、存在感のある番組を次々に作り出していった。その他にも、『20世紀アワー』(一九六八―六九年)や、同じく牛山をプロデューサーとする『すばらしい世界旅行』(一九六六―九〇年)などがあった。

その他の民放でも、前述したTBS系の『カメラ・ルポルタージュ』(一九六二―六九年)、『現代の主役』(一九六六―六七年)、『マスコミQ』(一九六七―六九年)。フジテレビ系の『ドキュメンタリー劇場』

（一九六四―六九年）。NET（現在のテレビ朝日）系の『カメ・ルポ青春』（一九六四―六五年）、『ドキュメンタリ報告』（一九六六年）。東京12チャンネル（現在のテレビ東京）系の『テレビドキュメント日本』（一九六四―六七年）、『未知への挑戦』（一九六四―六七年）、『ドキュメンタリー青春』（一九六八―七一年）などが放送された。

ドキュメンタリーの活況は、番組数の増加だけでなく、その他のところにも現れている。一九六四年には、文化庁（当初は文部省）主催の芸術祭コンクールのテレビ部門が、ドラマとドキュメンタリーの二部にわかれて審査されることになった。秋になると、この芸術祭を目指してテレビ界は局を挙げて番組制作に取り組んできた。この日本テレビ界の恒例のビッグイベントに「ドキュメンタリー」という出品枠が新たに設けられたのである。(8) また、放送専門雑誌『調査情報』が、二号にわたって、「ドキュメンタリー研究」と題する、三八頁にものぼる初の本格的な特集を組んだのも一九六四年である。これらは、ドキュメンタリー番組の社会的な定着を示す象徴的な出来事であった。

萩元や村木が新たにドキュメンタリー制作の現場に参入していったのは、このようにドキュメンタリー番組についてある種の定型が確立しつつある時期だった。前述の村木の言葉にもあるように、当時彼らが主流として意識していたのは『日本の素顔』の伝統を受け継ぐNHKと、牛山純一が率いる日本テレビの『ノンフィクション劇場』であった。では、村木が「劇映画的手法」と呼んだこれら主流派ドキュメンタリーの表現形式とはいったいどのようなものだったのだろうか。主な特徴は次の三つである。(9)

第一に、当時のドキュメンタリーは、映像の編集によって意味を構成していった。この編集の文法はドラマや劇映画の文法から多くのものを得ていた。たとえば、視聴者にカメラの存在を意識させないような撮影や、ひとつの場面を異なるサイズやアングルからなる複数のショットに分解し、それらをなめらかにつないで連続性のあるシーンを作り出していく編集、などである。ただし、ドラマや劇映画の編集文法とドキュメンタリーの編集文法が全く同じというわけではない。前者が空間や時間の連続性を尊重するのに対し、後者は、どちらかといえば、議論の連続性を尊重するという違いがある。

第二に、そのような編集文法に関連して、当時のドキュメンタリーでは、出来事を再現する手法がしばしば採られた。たとえば、「普段やっているようにしてみてください」と出演者にお願いして、日常生活をカメラの前で再現してもらう場合などが考えられる。これもドキュメンタリーを劇映画やドラマの表現に近づけることになった。現在なら「やらせ」として非難されかねない大胆な再現も頻繁に行われた。フィルムカメラや録音機材の性能が不十分なこともあり、ドキュメンタリーがある種の再現なしには成立しえないことは、当時の制作者には共通の了解事項であった。

第三に、これらの番組には、視聴者に直接に語りかけるためにナレーションが存在した。しかも、このナレーションは、番組内のあらゆる素材を統一的視点のもとに組織することができる俯瞰的な位置から発せられる点に特徴がある。それは「神の声」である。前述の巧みに編集された映像はこのナレーションとセットになってはじめて効果を発揮する。映像はコメントの展開に一致するように編集されると同時に、コメントは曖昧さが残らないように映像を解釈し、視聴者に何を視覚的証拠とみなすべきかを教える。このときコメントは、一方で素材を作り手の依拠する価値によって色づけしつつ、他方で自らを「客観的」で「普遍的」なものとして提示する。

以上のように、再現手法を多用しつつ様々なサイズや角度から撮影した映像を、因果関係や時間的順序に従ってつなぎ合わせ、それに「客観的」なコメントをのせて、ある事態や出来事についての一貫性、統一性、完結性のある物語を構成していく。当時の主流のドキュメンタリーとはこのようなものだった。

それは古典的な劇映画の構成手法を密輸入していた。「虚構の物語」ではなく「現実の物語」として語りかけるという違いはあっても、それはフィクションやドラマと同じように物語の形式に依存していた。そして、こうした主流派のドキュメンタリーが最も得意としたのが、啓蒙、告発（その裏返しとしての憐れみ）の社会的物語であった。[10]

しかし、こうして作り出される「客観的」で「普遍的」な社会的物語は、仮にそれがいかなる「良識」や「良心」からなされたものだとしても、語り手のポジションの特権化へと容易に結びついてしまう。そこでは、その物語を語っているのは誰かということや、その物語がいかに支配的な枠組みに偏っているかということは不問に付され、むしろ現状の市民社会の価値観を肯定する物語として抑圧的にすら機能する（そもそも啓蒙主義信仰とリアリズム信仰自体が西欧近代的な特定の価値観の産物に他ならない）。次のように言ってもいいだろう。外側（特権的な場所）から世界を「客観的」に解説しようとするその態度において、ドキュメンタリー番組は自らを真実にするための権力を持つ、と。萩元や村木が乗り越えようとしたのは、こうした「客観的」で「普遍的」な物語としてのドキュメンタリーの権力であり、テレビの権力であった。

3　中継の思想

一九六三年、萩元晴彦はラジオ番組の担当からテレビ報道部へと異動してきた。そのとき、テレビ制作者の暗黙の価値観に対して覚えた違和感を、萩元は次のように述べている。

ぼくはラジオからテレビに移って、まず「テレビは画だからねえ」と教えられた。この一言でぼくは一年間を浪費した。この「画」とはつきつめて見ると映画の「画」と同じなのである。むしろいまのぼくは「テレビは時間だ」という気がする[11]

当時、カメラマンはしばしば萩元[12]に対して「つなぎの画をどうするんだ」という言葉を口にしたという。それは説明的なモンタージュ理論にもとづいた言葉であった。「客観的」なナレーションにあわせて、映像を論理的に組み立てていくためには、論理を破綻なくつなぐ説明的な映像が必要だった。しかし、萩元は『カメラ・ルポルタージュ』や『現代の主役』の制作を通して、この言葉に決定的な疑問を持ちはじめる。

そして、その後の番組づくりのなかで、萩元はしだいに「モンタージュとは時間を盗むこと」であると考えるようになっていった。「時間」を都合よく再編して「これが歴史である」と提示する能力のことを「権力」と呼ぶとすれば、ドキュメンタリーの説明的なモンタージュは「時間を盗む」ことによって権力と結びついている。むしろテレビは、モンタージュを否定して「時間」そのものを志向することによって、歴史（物語）を都合よく生産する権力に対峙しなければならない。

「時間」をすべて自ら政治的に再編したあとで、それを「歴史」として呈示する権利を有するのが「権力」とすれば、そのものの「現在」を、as it is（あるがまま）に呈示しようとするテレビの存在は、権力にとって許しがたいだろう[13]

図1 『勝敗　第一部』

物語としてのテレビに対して、予定調和のない「現在」へとテレビを開いていくこと。これが萩元や村木が選択していくことになる、もうひとつのテレビ論であった。

もちろん、萩元や村木が最初からこうしたテレビの文化権力に対峙しようとするラディカルな確信をもって、一直線に進んだと考えるのはおそらく誤りであろう。むしろこれまでとは違う目新しい表現手法を（どちらかと言えばリアリズムの延長線上で）探求していこうとする彼らの試行錯誤の過程そのものが、結果的に彼らの意図をも裏切る形でこのようなテレビ論を顕在化させていったのだと言える。具体的に見ていくことにしよう。

『日本の素顔』や『ノンフィクション劇場』が定型化した、解説的あるいは劇映画的な構成手法の限界を乗り越えるために、萩元がまず取り組んだのは、文字通りフィルムにはさみを入れないという意味で、ドキュメンタリーから説明的な編集をできるだけ排除することだった。萩元は、ほとんどライブ映像に近いような中継性に徹したドキュメンタリーを、この時期次々に制作していった。この中継性を実現する試みをテクノロジーの面から支えたのが、同時録音と長回しを可能

図2 『勝敗　第一部』

にする、当時放送局の制作現場に少しずつ導入されつつあった新型のカメラと録音機であった。(14) こうして成立したのが、『カメラ・ルポルタージュ』で放送されたTBS初の全編同時録音によるドキュメンタリー番組『勝敗　第一部』（一九六五年一〇月五日、演出：萩元晴彦、構成：寺山修司、音楽：武満徹）や、『現代の主役』で放送された『小沢征爾「第九」を揮る』（一九六六年二月一〇日、演出：萩元晴彦、構成：谷川俊太郎）である。

坂田栄男名人と林海峯八段が対戦する第四期囲碁名人戦の対局室に二台の同時録音カメラを持ち込んだ『勝敗　第一部』（図1）では、ナレーションはわずかしか入らない。しかもカメラはほとんど盤上を映すこともなく、わからんわからんと呟いたり、扇子をパチパチやったりする、棋士二人の手の動きや表情を固定した位置から見つめ続ける（図2）。番組は終始、対局の展開の優劣よりも対局室に流れている張り詰めた「時間」や「空気」を捕えようとする。しかも最後は、ナレーションが勝敗と互いの残り時間だけを短く告げて番組は突然終わる。この番組で萩元は「『テレビは時間である』という漠とした予感を抱く。この作品で鉱脈を掘り当て

図3 『小沢征爾「第九」を揮る』

た気がした」[15]という。

『小沢征爾「第九」を揮る』（図3）になると、中継性はさらに徹底される。当時トロント交響楽団の常任指揮者をしていた小沢征爾が日本武道館で凱旋コンサートを開く。萩元はこの番組のほとんどを、一台の固定カメラによる映像だけで作り上げた。望遠レンズをつけた同録・長回しカメラが、ステージ上で激しく指揮する小沢のバストショットとクローズアップを延々と撮り続ける。楽団員の頭の陰に隠れて、小沢の顔が見えなくなってもお構いなし（図4）。ナレーションは一切なく、編集も番組全体でおよそ三〇カットしかない。視聴者はほぼ全編にわたって、小沢の表情だけを固定カメラで凝視し続けることになる。かつて『日本の素顔』が同じ三〇分番組でおよそ二〇〇カットの編集をしていたことを考えれば、そのカット数の少なさは驚異的だった。この番組は、その斬新さが評価され、第一四回日本民間放送連盟賞社会番組部門優秀賞を受賞した。

萩元はこうして、「テレビは時間である」「テレビは現在である」ということの具体的な意味を「中継性」を追求するなかで予感していった。萩元による新しい観察型ドキュメンタ

図4　『小沢征爾「第九」を揮る』

リーの表現手法の開拓は、ここまで確実に成功しつつあると思われた。

ちなみに、この後、テレビを時間感覚として捉えた『小沢征爾「第九」を揮る』の方法論を、極限まで突き詰めた番組が登場する。萩元や村木の同僚であった宝官正章によって構成・演出され、『現代の主役』で放送された『わたしは…新人歌手』（一九六七年一二月七日）がそれである。この番組は、二一歳の新人歌手、藤ユキのスタジオでのモノローグを、一台のカメラがパンニングもズーミングもせずにクローズアップのワンカットで凝視し続けた番組である。萩元・村木は『わたしは…新人歌手』を評して次のように述べている。

> 「わたしは…新人歌手」は恐ろしい作品であった。このような方法をとることによって、これまでのテレビの価値基準を壊したという恐ろしい作品であった。したがってこの作品は、その根底に「テレビジョンとは何か？」という問いを孕んでいたのであり、この作品の恐ろしさは、実はテレビジョンそのものの恐ろしさだったのである[16]

萩元と村木は、『勝敗　第一部』や『小沢征爾「第九」を揮る』で掘り当てた新しいテレビの鉱脈を、それに続く番組制作のなかでいっそう掘り下げていくことによって、この「恐ろしさ」の意味を身をもって味わうことになる。

4　問いかけとしての『あなたは…』

一九六六年秋、新しい表現手法を実践しようとする萩元の試みは、村木良彦の参画を得て新たな展開を見せはじめる。二人の共同演出による『あなたは…』（構成：寺山修司、音楽：武満徹、図5）である。この番組は一九六六年一一月二〇日の二二時三〇分から芸術祭参加作品として放送され、第二一回芸術祭テレビ・ドキュメンタリー部門奨励賞を受賞した。築地の魚市場、東大、上野、ロッテの工場、日赤病院、横田基地のデモ隊、ボクシングジムなど都内二四カ所で、年齢も職業も環境も全く異なる人々にいきなり数々の質問をぶつけていくだけの、全編同時録音のインタビューによる「異色のドキュメンタリー番組[17]」であった。

賞を受賞して脚光を浴びたものの、「異色」という言葉に象徴されるように、企画当初、部内の反応は冷ややかであったという。もともと萩元が「高度成長まっ盛りのこの時代に、日本人は本当に幸福なのか、その幸福感を聞いてみたい」という趣旨で「ＯＮＥ ＤＡＹ（ある日）」という企画書を提出したのが番組のきっかけであったが、「当初これに賛同した者は、寺山修司氏、岩月昭人カメラマン、村木良彦の三名でしかなかった[18]」という。全編インタビューだけで作ったドキュメンタリーなど前例がなく、

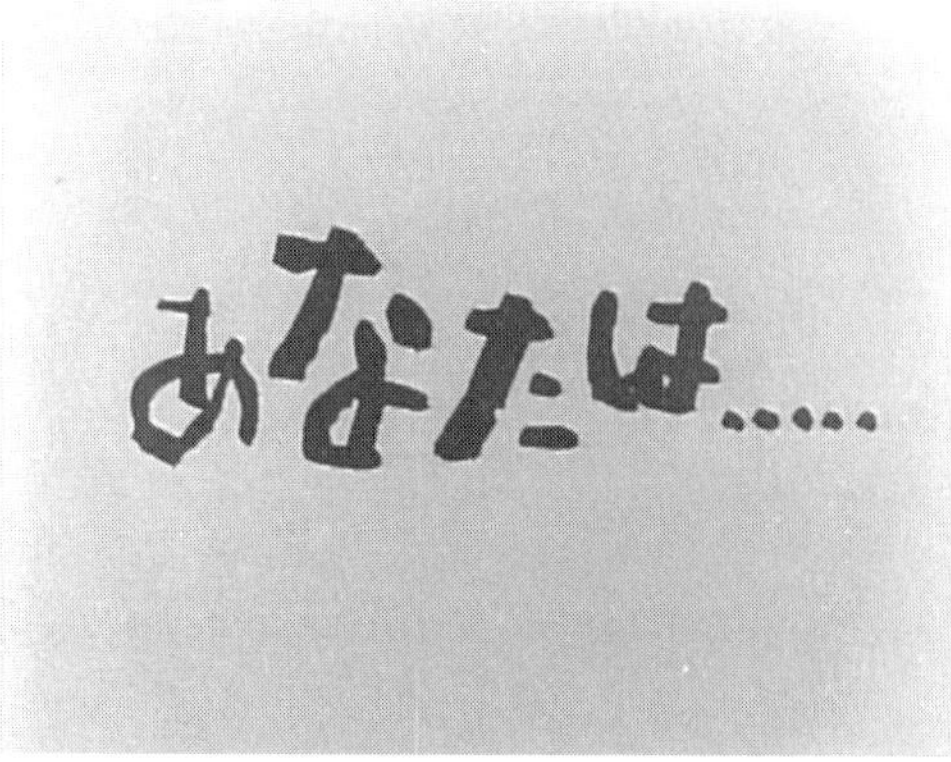

図5　『あなたは…』

「これはドキュメンタリーではない」という周囲の批判に応えるために、番組冒頭に

　　この番組は
　　東京の街で出あった老若男女八二九人に
　　同じことを質問し
　　その答によって構成した
　　テレビドキュメンタリーです（傍点は引用者）

というテロップをわざわざつけねばならないほどであった。ちなみに、村木は同年、ドラマ部門から報道局特別制作部に移ってきたばかりであった。

　しかし、『あなたは…』は、決して単なる「街の声」を拾い集めただけのインタビュー番組ではない。一言で言えば、それは「挑発的」であった。そこには次のような三つの方法上の仕掛けが周到になされていた。

　第一に、質問は思いつきで行うのではなく、二一個の質問文を、一字一句にいたるまであらかじめ決めておき、すべての人々に同じ質問をぶつけた。質問の配列は、極めて具体的かつ即物的な質問の間に、非常に抽象的で観念的な答えにくい質問（「あなたにとって幸福とは何ですか？」など）を意図的に挟み込む形式をとった。質問文は、寺山修司の原案をもとに、演出スタッフで討論を重ね、最終的に二一問に絞ったという（表1）。

第二に、インタビュアーには、アナウンサーではなく、三人の素人の女子学生を起用した。そして相手との情緒的コミュニケーションを一切排して、あえてロボットのように無機的に、機関銃のように容

表1　『あなたは…』の質問文

1. いま一番ほしいものは何ですか？
2. 月にどのくらいお金があったら足りますか？
3. もし総理大臣になったらまず何をしますか？
4. あなたの友人の名前をおっしゃって下さい。
5. 天皇陛下はお好きですか？
6. 戦争の日を思い出すことはありますか？
7. ベトナム戦争にあなたも責任があると思いますか？
8. （「はい」と答えた場合）
   では、あなたはその解決のために何かしていますか？
9. 昨日の今ごろ、あなたは何をしていましたか？
10. それは充実した時間でしたか？
11. 人に愛されていると感じることがありますか？
12. （「はい」と答えた場合）それは誰にですか？
13. 今あなたに１万円あげたら何に使いますか？
14. 祖国のために戦うことができますか？
15. （「はい」と答えた場合）
    命を賭けてもですか？
16. あなたにとって幸福とは何ですか？
17. ではあなたはいま幸福ですか？
18. 何歳まで生きていたいですか？
19. 東京はあなたにとって住みよい街ですか？
20. （「はい」と答えた場合）
    空がこんなに汚れていてもですか？
21. 最後に聞きますが、あなたはいったい誰ですか？

赦なくマイクを向け、質問を打ち込んだ。また相手からの聞き返しや反論に対しては、一切説明を加えないようにした。一人のインタビューに要する時間がだいたい二分前後であったから、ひとつの問答につき約六秒の計算になる。これは質問する側にも、答える側にも相当の瞬発力を要求するものであった。

第三に、このようにしてぶっつけ本番、ワンカットの同時録音でカメラに収めたインタビューを、質問を削ることなくほとんどノーカットで編集していった。同時録音の一六ミリ・カメラはまだ非常に重かったので、現場では常に望遠レンズをつけた三台以上のカメラを三脚に乗せて用意し、相手の顔が正面にきたカメラだけフィルムを回したという。

以上のような方法上の仕掛けが、『あなたは…』を単なる街頭インタビューとは決定的に異なるものにすることになった。[19] 作り手が積極的に介入し、計算し尽くされた方法によって日常のコミュニケーション秩序をわざと異化しようとするこのやり方は、一見「平和」で「民主的」で「幸福」な世のなかに平然と暮らしている市民の価値観を挑発するにはもってこいだった。画面には、「ドキッ」とするような質問を突然暴力的に投げかけられ、とまどったり、憮然としたり、沈黙したり、凡庸な答えに終始したりする人々の姿が次々に映し出された（図6）。

しかし、重要なのはそのような番組内容についてではない。むしろここで注目したいのは、萩元や村木の挑発が、単に番組に登場する人々だけではなく、テレビを見ている視聴者へと直接的に向けられていたということである。番組の冒頭、カメラを真正面に見つめるインタビュアーが大写しで唐突に登場し、「いま一番ほしいものは何ですか?」「あなたにとって幸福とは何ですか?」「あなたはいったい誰ですか?」と視聴者に向かって直接問いかけるシーンからはじまっているのは単なる偶然ではない（図7）。このような視聴者への直接の注意喚起は、従来のドキュメンタリーでは考えられないことだった。

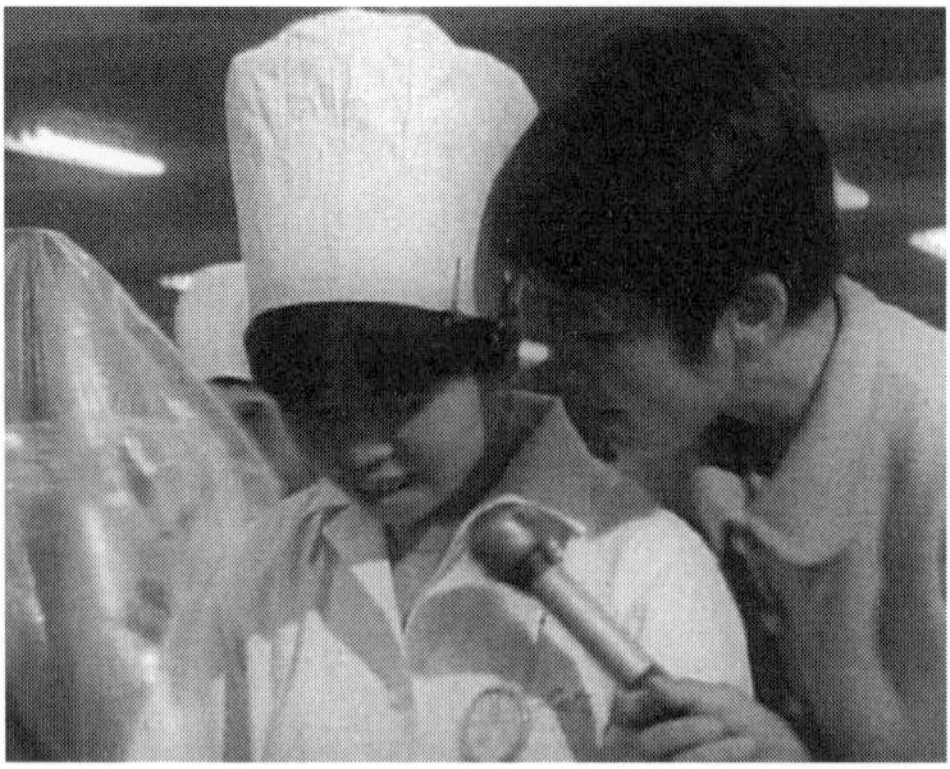

図6 『あなたは…』

この番組はそもそも、質問を受けた人たちの答えを伝えることが目的でもなければ、何らかの平均的日本人像を伝えることが目的でもなかった。質問は視聴者一人一人に向けられていたのである。

ぼくは八二九人の人々に意見を聞いたのではない。八二九人の背後にいるすべての人々に質問したのだ。八二九人は素材にすぎない。「あなた」に質問したのである[20]

〈あなたは…〉は〈問いかけ〉のドキュメンタリーである。〈問いかけ〉られているのは、映された八二九人のようにもみえるが、実はその映像をみるすべての視聴者である。このドキュメンタリーが、従来のドキュメンタリーの手法と異なるのは、この一点において決定的である[21]

『あなたは…』は、「伝える」ドキュメンタリーではなく、「問いかける」ドキュメンタリーであった。ブラウン管のなかの人に問いかけ、それを媒介にブラウン管の外の人にも問いかける。『日本の素顔』や『ノンフィクション劇場』に代

図7　『あなたは…』（オープニング）

表されるそれまでのドキュメンタリーでは、はじめにメッセージがあって、それを物語形式によって「伝える」という前提が共有されていた。しかし『あなたは…』は、そもそも何かのメッセージを「伝える」べきであるというような前提を共有していなかった。

作品があり、ブラウン管から放送され、それを視聴者が視る、という形ではなく、自分の作品は視聴者が視ることによって挑戦を受け触発されて、作品に参加するのだ。だからフィルムに納められ、ハイここに「作品」がありますというものではなく、放送された時点―ジャーナリスティックにも日常的にも、その時点で視聴者もまた共感や反撥を含めて自分の作品を作るのだと考えていた。テレビ・ドキュメンタリーは見せるものではない、させるものだ、行為するものだ[22]……

『あなたは…』はむしろ、送り手と受け手がともに参加する「場」のようなものとして捉えられていた。萩元や村木にとって、それは当時流行していたジャズのイメージとどこかで重なり合っていた。

テレビジョンはジャズです。（中略）送り手と受け手があるのではなく、全員が送り手と受け手なのです。既に書かれている脚本を再現することではなく、たえまなくやって来る現在《いま》に、みんなが、それぞれの存在で参加するジャム・セッションです。テレビジョンに、〈既に〉はありません。いつも〈現在《いま》〉です。いつも、いつも現在《いま》のテレビジョン。だからテレビジョンはジャズなのです(23)

『あなたは…』のBGMには武満徹の書いたジャズが流れていた。

結果的に『あなたは…』は、萩元や村木が予感していたもうひとつのテレビ論の可能性に、ひとつの具体的な形を与えることになった。それは、これまで模索してきた説明的モンタージュの拒否や中継性の徹底化という方法論が、単なる表現手法の問題ではなく、テレビの既成概念を革新する可能性と明確に結びついていることを、彼らに意識させたという意味で、決定的な出来事であった。村木良彦は、『あなたは…』の「試行錯誤の制作プロセスの中でテレビジョンの方法について衝撃的な転回点をつかんだことを意識(24)」したという。

毎日毎日、東京都内のいろいろな場所でさまざまな人々に機関銃のように質問を乱射してその反応を撮影した。局に帰ってそのフィルムを見ながら、見るたびに印象が違ってくることに気がついた。事実の背後にある事実、その背後にはまた事実。そして現実はカメラとマイクでどんどんつくられる。つくられた現実は再びこわされていく。いわば観念の流動、意識の重層的反復。その中にテレ

ビジョンの生理がある[25]

村木の言葉は、何が「客観的」で「普遍的」な「現実」なのかが、もはやわからなくなりつつある事態を暗示していた。それは従来のテレビ・ドキュメンタリーのリアリズム的な物語世界に亀裂が入ってしまったことを意味する。ドキュメンタリーの表現手法の革新を目指した萩元や村木の試みは、物語形式を否定した結果、「現実の物語」（ノンフィクション）としてのドキュメンタリーの存立根拠そのものを危うくする地点にまで行きつこうとしていた。これ以後、萩元や村木の実践は、物語としてのドキュメンタリーの文化権力、そしてテレビの文化権力を積極的に解体しようとする方向へ、急速に先鋭化していくことになる。

5　コラージュとしての『わたしのトウィギー』

翌一九六七年、報道局テレビ報道部に移った萩元と村木は、猛烈な勢いで番組を連作しはじめる。『あなたは…』とまったく同じ方法論による別バージョン『日の丸』（『現代の主役』一九六七年二月九日、演出：萩元晴彦、構成：寺山修司）や『アメリカ人・あなたは…』（『マスコミQ』一九六七年一〇月九日、同）。あるいは、『あなたは…』を受け継ぐ形で、クローズアップのワンカット撮影を基本に、「場」としてのテレビを創造しようとした『私は…、―新宿篇―』（『マスコミQ』一九六七年六月五日、共同演出：萩元晴彦・村木良彦、構成：寺山修司）、『続私は…、―赤坂篇―』（『マスコミQ』一九六七年六月二六日、同）、『われらの時代』（『マスコミQ』一九六七年一〇月一六日、演出：村木良彦、構成：山田正弘）、『青春　続われらの時

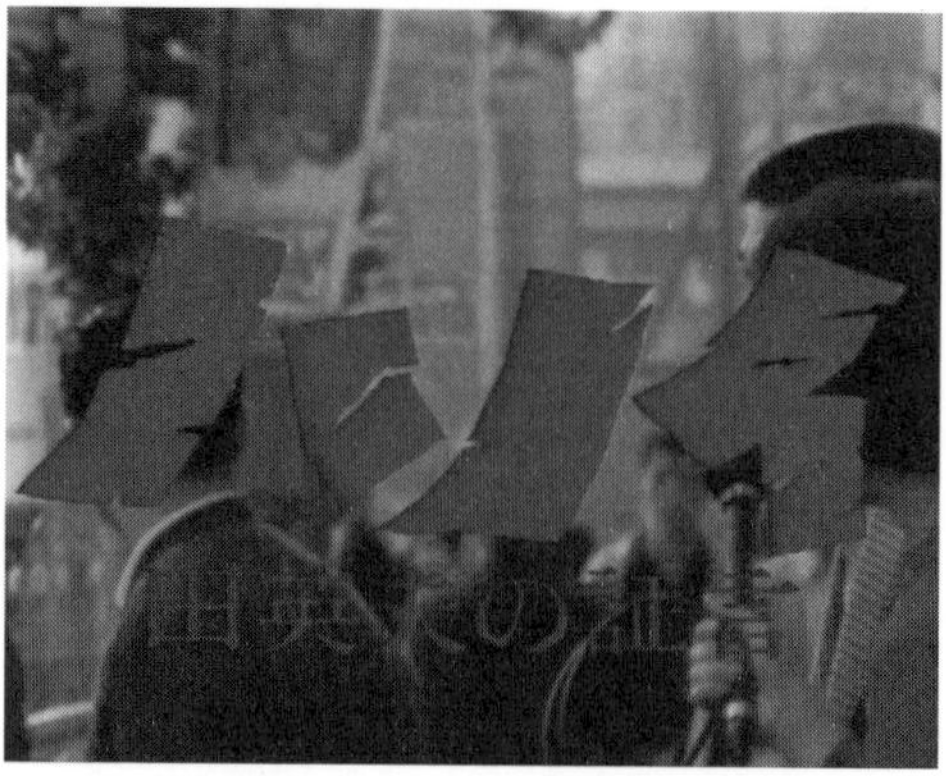

図8『ハノイ　田英夫の証言』

代』（『マスコミQ』一九六七年一一月二七日、同）、『ハノイ　田英夫の証言』（「芸術祭参加作品」一九六七年一〇月三〇日、共同演出：村木良彦・宝官正章・太田浩、図8）などである。

それだけではない。これらの番組群が、ワンカットを押し通すことで説明的モンタージュを拒否しようとしたとすれば、村木は逆に、意味のつながりがなくなるまでカットを断片化してしまうことによって、モンタージュを拒否しようともした。それが『わたしのトウィギー――'67年夏・東京――』（『現代の主役』一九六七年八月三日、演出：村木良彦、構成：山田正弘、図9）、『フーテン・ピロ――'67年夏・東京――』（『マスコミQ』一九六七年八月二一日、演出：村木良彦、構成：山田正弘）、『クール・トウキョウ――'67年秋――』（『現代の主役』、演出：村木良彦、演出協力：山田正弘・宮井陸郎）、『わたしの火山』（『日本列島の旅』一九六八年一月一一日、演出：村木良彦）といった番組群である。

これらすべての番組がわずか一年の間に制作され、放送された。村木は当時、次のように述べている。

「わたしのトウィギー」から「わたしの火山」に至るフ

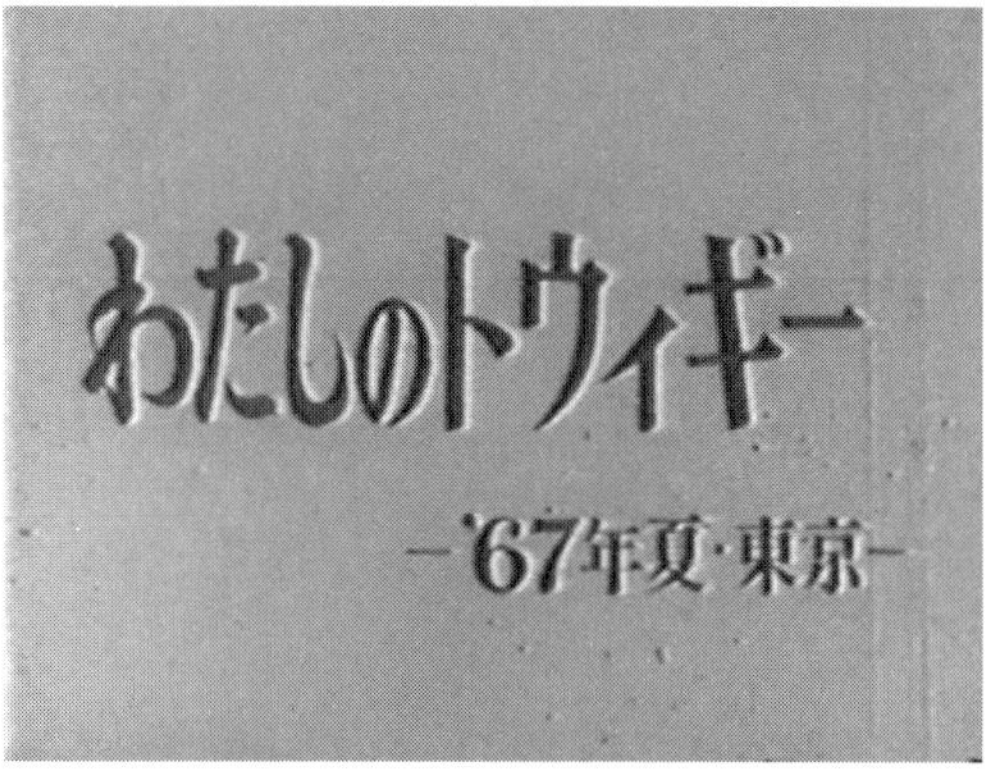

図9　『わたしのトウィギー——'67年夏・東京—』

ィルム・ドキュメンタリーの中でぼくはいわば〈アクション・フィルミング〉と〈コラージュ〉の方法とに固執してテレビ的力動性を考えてきた。伝達されるべき内容（いわゆるテーマや現実）→フィルムによる表現という製作プロセスを常に逆転し、或いは同時にする〈アクション・フィルミング〉の方法と、モンタージュを徹底的に拒否する〈コラージュ〉の方法、この方法の中に六七年から六八年にかけてのぼくの状況感覚がある[26]

これらのコラージュ的なドキュメンタリーでは、映像も語りもバラバラに解体されてしまっていた。そこではすべての意味は宙吊りにされ、物語は破綻する（図10）。当時「フィクション・ルポルタージュ[27]」と評されたことからも明らかなように、それはもはや「現実の物語」（ノンフィクション）とも「虚構の物語」（フィクション）とも言えないものになっていた。村木良彦は次のように述べる。

複雑にゆれ動くこの時代にあっては既成概念は無力であり、フィクションがドラマでノンフィクションがドキュ

図 10 『わたしのトウィギー—'67 年夏・東京—』

メンタリーなどという分類すらナンセンスなものとなってくる[28]

テレビジョンはフィクションもノンフィクションもひっくるめてすべてドキュメンタリーである[29]

この時期、萩元と村木は、生中継による観察的なドキュメンタリーから、ノンフィクションとフィクションの境界を混淆するようなコラージュ的なドキュメンタリーまで、テレビ・ドキュメンタリーの可能性を極限まで切り開いていこうとした。もはや彼らにとってそれは、決して表現上のテクニカルな問題ではなく、既成のテレビ文化の権力性をラディカルに問い直す実践そのものとなっていた。

テレビジョンの機能的原点に挑戦し、テレビジョンを鋳型にはめこもうとするすべての心情的エスタブリッシュメントに対する否定と告発を続けていこうではないか。六七年夏から秋にかけてぼくらがつくったテレビドキュメンタリー「わたしのトウィギー」「フーテン・ピロ」

「クール・トウキョウ」の三作は局の内外から圧倒的な悪評の集中砲火を浴び、しかし一方で、力強い支持を受ける。ぼくらはのろしをあげて包囲されたゲリラ戦士のように、フィルムをかかえて今日も明日もミニコミの対話を求めて歩きまわる[30]

6　テレビの一九六八年

ここまで、萩元晴彦や村木良彦の番組について詳述してきたが、ここで改めて確認しておかなければならないのは、彼らの番組は当時のテレビ・ドキュメンタリーの主流とされた立場から見れば明らかに突出していたということである。彼らの試みの斬新さは、時にそれが評価される一方で、陰に陽に反発を巻き起こすことにもなった。

しばしば指摘されるのは、彼らの番組は、政界やスポンサーから露骨な介入を受けたということである。前述の『日の丸』に対しては、当時の郵政大臣が閣議でこの作品を「偏向」と発言したため、電波監理局の調査が行われ、「日の丸問題」として浮上することとなった。この影響で、村木が五月に憲法記念日特集として予定していた「憲法九条もの」も中止された。[31]『ハノイ　田英夫の証言』は、自民党の電波族から共産主義を宣伝する偏向番組であると非難され、翌一九六八年に田英夫がニュースキャスターを解任されるひとつの要因となった。[32]また、桜島を舞台とした青春ドキュメント『わたしの火山』に対しては、放送後、提供スポンサーから「立派な作品だと思うが、我社の番組イメージと違う」とクレームがあったため、村木は懲罰処置で当分仕事を離れて静養することになった。[33]

当時、政府・自民党はベトナム戦争や国内の反戦活動に関するマスコミ報道に、神経をとがらせていた。実際、この時期、政治の介入による放送中止や自主規制事件が頻発し、テレビの「脱政治化」が進行したと言われる。[34] たとえば日本テレビ『ベトナム海兵大隊戦記』(『ノンフィクション劇場』一九六五年)、フジテレビ『ある青春の模索〜平和運動のなかで』(『ドキュメンタリー劇場』一九六六年)、「TBS成田事件」[35]を引き起こした『成田二十四時』(『カメラ・ルポルタージュ』一九六八年)などが、次々放送中止に追い込まれていった。萩元や村木が受けた圧力や介入をこのような文脈のもとで理解していくことは、確かに可能であろう。

しかし、ここでは、萩元や村木が受けた圧力を、そのような政府や資本による露骨な操作やコントロール(「外圧」)の問題として語るのではなく、既成のテレビ文化を守ろうとする制作者や視聴者による感情的反発(「内圧」)の問題として考えてみたい。なぜなら、すべてを「政治権力対テレビ」という大きな対立図式に還元して語ってしまうことは、結果的に彼らが挑もうとしたテレビ文化そのものの政治性の問題を棚上げすることにしかならないであろう。繰り返し述べてきたように、彼らが問題化しようとしたのは、日常的に番組を生産し、消費する過程に潜んでいるテレビ文化そのものの権力であったはずである。であるならば、この問題を単に数ある放送中止・介入事件の一コマとして片づけるべきではない。彼らが周囲の人々から受けた反発や非難の意味をこそ考えてみなければならない。

次に挙げるのは、一九六八年六月一二日に開かれたTBS労組内のティーチ・インでの、ニュース担当のあるパネラーの発言である。

表現方法とは、内容があった時に、はじめて問題になるものであって、ぼくは、萩元さんの「あなたは…」という作品は、何を言おうとしているのか、判らない。方法プロパーとして開拓しているのは、どういうジャーナリストなのか判らない。ぼくは、言いたいことがあって、それに不自由な方法は変えようとするが、そうでなくて、表現方法をまず拡げようとする発想自体が判らない。表現の問題は極めてテクニカルな問題としか考えられない。一番問題なのは表現する内容だ[36]

たったこれだけの発言のなかに、三度も繰り返される「わからない」という言葉。この「わからない」という言葉が、萩元や村木の番組に対する周囲の困惑と反発を象徴的に示している。

この時期、同じように「わからない」という非難の言葉を視聴者や同僚から散々浴びせられたテレビディレクターがいた。東京12チャンネルでドキュメンタリー番組を制作していた田原総一朗である。田原は「〈わからない〉連帯」という文章のなかで次のように述べている。

〈わからない〉とは、実は〈わからない〉のではなく、自分の常識、生活規範では「理解しがたい」「納得できない」「感覚的に受け入れられない」「不愉快だ」「困る」など〈わかりたくない〉という〈拒絶反応〉の総称?·〈非難〉の電話に対してわたしが、〈搦め取られないために〉まやかしでない、事実を、〈見つめる〉ことの必要さ、〈真面目〉さを強調すると、視聴者からは、きまって「テレビということを考えて貰わないと困る」という反論が返ってくるのだった。（中略）なまじっか、見たために生活が乱される、茶の間に混乱が起きるくらいなら、見ない方がよい。生活を守るためには、目をそむけて通り抜ける。それほどに脆い生活。それほどにささやかなエゴ[37]

田原は、自分たちの価値観を「自然」で「普遍」なものと信じて疑わない市民社会の自己充足的な世界観を痛烈に批判する。と同時に、その批判は、そのような市民的価値観に知らず知らずのうちに連帯してしまう番組制作者に対しても向けられる。

> わたしが体験したかぎりでは、スポンサー、代理店、局の上層部をはじめ、どこからも、〈あの番組はけしからん〉という〈弾圧〉や〈干渉〉はなかった。ただ、しつっこく耳にするのは、「わからない」との〈非難〉、それも、主体的な〈非難〉ではなく「あんなに多くの視聴者がわからないといっているではないか」というきわめて客観的?な〈批判〉である。（中略）〈わからない〉の連帯。打算、思惑、そしてささやかなエゴイズムのいりくんだ、何とも奇妙な〈圧力〉。そして、この〈圧力〉が、確実に、テレビを〈わかりやすいもの〉、すなわち安全無害なものへと切り崩していく[38]

萩元や村木を包んでいたのも、おそらくこのような「わかりやすさ」の圧力だったのではないだろうか。

本章の冒頭にも述べたように、一九六〇年代は、テレビが市民社会の支配的な物語を供給するメディアとして急速に制度化されていった時期であった。そこでは既成の価値観とは根本的に相容れない場所から発せられた物語は「わからない」という非難のもとに、しだいに排除されていった。テレビは「わかりやすい」自己充足的な物語だけを語るメディアへと一元化されつつあった。萩元や村木が「あなたにとって幸福とは何ですか?」という挑発的な問いをテレビに関わるすべての人々に突きつけようとしたとき、彼らはテレビの内部にいながら、このような「自然」で「普遍」な物語としてのテレビを越え出ることを選択したのだと言えるのではないだろうか。萩元や村木が被った「わからない」という非難は、彼らのそのような選択に対する非難に他ならない。そして萩元と村木はついに放送局に居場所を失うことになる。

萩元晴彦がテレビ・ニュース部へ、村木良彦がスタジオ課のデスクワークへ突然の異動を命ぜられたのは、一九六八年三月五日のことだった。会社側はあくまで懲罰人事ではないことを強調したが、『日の丸』や『わたしの火山』が巻き起こした一連の不祥事が影響しているものと考えられた。TBS労組は、この萩元・村木の配転と、前述のTBS成田事件をめぐる懲罰人事、および田英夫の『ニュースコープ』キャスター解任、という三つの処分を不当として組合闘争へと発展させた。いわゆる「TBS闘争」である。しかし、およそ一〇〇日間にわたるこの闘争も六月に敗北して終結する。村木は闘争後の討論集会の報告で次のように述べている。

ぼくたちは、明らかにひとつのテレビ論によって断罪された。しからば、ぼくらを断罪したテレビ論によって断罪されないあなたのテレビ論とは何か。それは、二人のそれとどう違うが故に処分されないのか。そのあなたが、一方では、そのテレビ論による番組制作を続け、一方では、「萩元・村木を守れ」と叫べるのは何故か、ぼくはぼくのためにゼッケンをつけ、ストライキに参加する仲間たちにも、そう問いかけない訳にはいかなかったのです[39]

そして一九七〇年二月、萩元や村木はTBSを退社し、同僚の今野勉らとともにテレビマンユニオン[40]

を結成する。それは日本で最初の本格的なテレビプロダクションの誕生の瞬間であると同時に、彼らが行ってきたテレビ表現をめぐる闘いにひとつの終止符が打たれた瞬間だった。テレビマンユニオン結成の前年、萩元・村木・今野の三人は、そのテレビ論を一冊の本にまとめ、出版した。その著書『お前はただの現在にすぎない　テレビになにが可能か』（田端書店、一九六九年、図11）は、「現在」としてのテレビの可能性を最も深く問うた本としていまも読み継がれている。

図 11　『お前はただの現在にすぎない』

注

（1）井上俊「動機と物語」井上俊ほか編『岩波講座現代社会学1　現代社会の社会学』岩波書店、一九九七年、四〇頁。本章では「現実あるいは架空の出来事や事態を時間的順序および因果関係に従って、しかし基本的には因果関係を中心として一定のまとまりをもって叙述したもの」という井上の定義に従って「物語」という用語を用いている。

（2）高度成長期の社会意識の形成とテレビの関係を論じたものとして、佐藤毅「高度成長とテレビ文化」南博・社会心理研究所『続昭和文化』勁草書房、一九九〇年、一四五―一七九頁。

（3）同論文、一四五―一七九頁。またマス文化産業、学校、ビジネスなど社会の中枢機関によって強化されてきた、戦後日本の中産階級イデオロギーの影響力について、歴史学の領域から論じたものとして、アンドルー・ゴードン編（中村政則監訳）『歴史としての戦後日本（上・下）』（みすず書房、二〇〇一年）がある。とくに編者による日本語版序論を参照。

（4）以下の萩元と村木の番組論については、筆者が村木に対して行った数度のインタビューの他に、次のものを参考にしている。一九九八年一〇月二二日から二五日にわたって開催された「'98ＯＳＡＫＡ ＣＩＮＥＭＡ塾『テレビドキュメンタリーの青春』」（主催：ＯＳＡＫＡ映像フェスティバル'98実行委員会、会場：シネ・ヌーヴォ）での、萩元と村木の講演。一九九九年九月二四日に財団法人放送文化基金の主催で行われた「視聴者を中心に放送番組を徹底的に語る会」（会場：放送文化基金）での村木の講演。

（5）藤井潔「百花繚乱・テレビの思想」『調査情報』一九九二年九月号、三頁。

（6）『わ』編集部「対談／是枝裕和・村木良彦」『わ』財団法人放送文化基金発行、第三〇号、一九九八年。

（7）ニュース番組が形成されていく歴史については、テレビ報道研究会編『テレビニュース研究』（日本放送出版協会、一九八〇年）を参照。

（8）文化庁文化部芸術課編『芸術祭三十年史（本文編、資料編上・下）』文化庁、一九七六年。

（9）ここでは Kilborn と Izod による「解説的ドキュメンタリー」（expository documentary）についての議論に従いつつ考察する。R. Kilborn and J. Izod, *An Introduction to Television Documentary*, Manchester University Press, 1997: 58-64.

（10）この点については、一九七〇年に行われた各局のドキュメンタリー担当者による座談会で制作者たち自らが指摘している。この席上で、NHKの教育局（教養番組班）ディレクターの工藤敏樹は、かつての啓蒙調、告発調が通用しにくくなった一九六〇年代半ば以降のNHKドキュメンタリーの直面している困難について述べている。また、同じ座談会で、牛山純一も、『ノンフィクション劇場』が陥った被害者に対するペシミズムの限界について自省的に振りかえっている（日本放送協会編『続放送夜話』日本放送出版協会、一九七〇年、一四一―一五二頁）。

（11）萩元晴彦「『あなたは…』の制作意図（「番組研究・『あなたは…』」に所収）」『調査情報』一九六七年二月号、五九頁。

（12）ここで言う「モンタージュ」とは、エイゼンシュテインの主張するような、美学的・思想的な意味合いを込めた対位法的なフィルムの結合を指しているのではなく、単にフィルムの編集を指す。

（13）萩元晴彦・村木良彦・今野勉『お前はただの現在にすぎない テレビになにが可能か』田畑書店、一九六九年、三六五頁。

（14）長回しは、オリコンやアリフレックスのようなバッテリー式のカメラに四〇〇フィートの長尺用フィルム・マガジンを取りつけることで可能となった。また同時録音も、ナグラと呼ばれる携帯用の高性能テープレコーダーをカメラに接続することで可能となった。ナグラにはカメラと同期するように設計されたモーターがあらかじめ内蔵されていた。

（15）萩元・村木・今野、前掲書、一七頁。

（16）同書、三五頁。

（17）財団法人放送番組センター編『受賞テレビ番組総覧 第1集』放送番組センター、一九八七年、四二頁。

(18) 萩元・村木・今野、前掲書、一八頁。
(19) このような手法は、一九六〇年代のフランスで、同時録音技術の発達によって生じたシネマ・ヴェリテと呼ばれる潮流を想起させる。代表的な作品としては、ジャン・ルーシュとエドガー・モランが、パリの人々に「あなたは幸せですか?」という質問を行って制作した『ある夏の記録』(一九六一年)がある。ちなみに、『あなたは…』はシネマ・ヴェリテの模倣に過ぎないという非難に対しては、萩元や村木は、「模倣したのではなく、自己の表現の方法を問いつめて行ってインタビューに辿り着いたのであり、放送後それがジャン・ルーシュの方法に共通したものであることを知ったのであった」(萩元・村木・今野、前掲書、七五頁)と答えている。シネマ・ヴェリテについては、エリック・バーナウ(近藤耕人訳、佐々木基一・牛山純一監修)『世界ドキュメンタリー史』(風土社、一九七八年、二五五―二六四頁)を参照。
(20) 萩元、前掲論文、五九頁。
(21) 鈴木均ほか「番組研究・『あなたは…』」『調査情報』一九六七年二月号、五八頁。
(22) 萩元・村木・今野、前掲書、七四頁。
(23) 同書、二六九頁。
(24) 同書、二〇頁。
(25) 村木良彦『ぼくのテレビジョン あるいはテレビジョン自身のための広告』田畑書店、一九七一年、五三頁。
(26) 村木良彦「演出者のことば(「番組研究・最近のドキュメンタリー」に所収)」『調査情報』一九六八年三月号、五二頁。
(27) 飯島哲夫「村木良彦研究」『映画評論』一九六八年一月号、七〇頁。
(28) 村木、前掲論文、一九六八年、五二頁。
(29) 村木、前掲書、一九七一年、一五三―一五四頁。
(30) 同書、五一―五二頁。
(31) 松田浩『ドキュメント放送戦後史Ⅱ』勁草書房、一九八一年、三五六―三五七頁。

（32）鈴木均ほか「現場からの証言　消されたテレビ番組の全記録」『潮』第一六五号、一九七三年、一四一頁。
（33）萩元・村木・今野、前掲書、四三頁。
（34）鈴木ほか、前掲論文。松田浩・メディア総合研究所『戦後史にみるテレビ放送中止事件』岩波書店、一九八九年。
（35）「TBS成田事件」については、松田、前掲書（三六三―三七一頁）に詳しい。
（36）萩元・村木・今野、前掲書、一八八頁。
（37）田原総一朗「〈わからない〉連帯」『展望』第一五二号、一九七一年、一三七頁。
（38）同論文、一三八頁。
（39）萩元・村木・今野、前掲書、二九七頁。
（40）テレビマンユニオンの歴史については、『テレビマンユニオン史　1970―2005』（テレビマンユニオン、二〇〇五年）を参照。

第5章　カメラとマイクという凶器
——田原総一朗と『ドキュメンタリー青春』

1　テレビの青春時代

一九六〇年代はテレビの青春時代だった。日本でテレビ放送がはじまったのが一九五三年。その頃はまだ映画やラジオが主役の時代だった。皇太子成婚パレードでテレビの普及にはずみがついたと言われるのが一九五九年。この年、読売新聞がラジオ・テレビ欄をテレビ中心に組み替えた。一九六二年、NHKのテレビ受信契約者数が一〇〇〇万を突破する。ニュースやワイドショー、バラエティやドラマ、アニメやCM、オリンピック中継や宇宙中継など多彩な番組がブラウン管に映し出されていった。テレビは新しさや物珍しさに満ちていた。一九六七年、受像機は二〇〇〇万を突破し、ほぼ日本全国の家庭へ浸透する。テレビが希望と輝きに満ちたニューメディアだった時代、それが一九六〇年代だった。

テレビの青春時代はまた、テレビ・ドキュメンタリーの青春時代でもあった。カメラの先には、常に衝突や変化があった。一九六〇年代は、安保闘争やベトナム反戦運動、大学闘争などが吹き荒れた「政治の季節」だった。また、高度経済成長は日本の都市や農村の風景を猛烈な勢いで作り変えていった。時代が大きく変化するとき、それを表現する方法も変化する。この時期、テレビ的な新しい記録表現の開拓が様々な形で試みられた。技術的には、映像と音声を同時に記録できる「同録システム」の登場がそれを後押しした。一九六〇年代は、次々に巻き起こる新しい現実的課題に、テレビ・ドキュメンタリーが新しい方法で応えようとした若々しい実験の時代だった。

NHKではテレビ・ドキュメンタリーの草分けと言われる『日本の素顔』（一九五七―六四年）を引き継ぐ形で『現代の映像』（一九六四―七一年）がはじまった。また、小さな個人の生き様から時代を描こうとする『ある人生』（一九六四―七一年）も新たにスタートした。この時期、NHKのドキュメンタリーを担う中心人物のひとりだった工藤敏樹は『和賀郡和賀町―1967年夏』（一九六七年一一月一日）や『富谷國民学校』（一九六九年一一月一日）、『新宿―都市と人間に関するレポート』（一九七〇年一一月三日）などで、急速に変貌する都市と農村の姿を映像と音声でモンタージュし、注目を集めた。(1)

日本テレビでは、プロデューサーの牛山純一率いる『ノンフィクション劇場』（一九六二―六八年）が大島渚や土本典昭といった個性的な監督を映画界から招き入れ、作家性のある番組を次々に作り出していった。日本兵として戦った韓国籍の傷痍軍人を取材した『忘れられた皇軍』（一九六三年八月一六日）、土本が水俣と初めて向き合った『水俣の子は生きている』（一九六五年五月二日）、放送中止事件を引き起こした『ベトナム海兵大隊戦記』（一九六五年五月九日）、返還前の揺れる沖縄を描いた『沖縄の十八歳』（一九六六年七月二一日）など、高度経済成長下で忘れられつつある人々の姿を描いた番組が話題になった。

TBSでは『カメラ・ルポルタージュ』（一九六二―六九年）に加えて、『現代の主役』（一九六六―六七年）や『マスコミQ』（一九六七―六九年）で実験的な試みが盛んに行われた。その中心的存在だった萩元晴彦や村木良彦は有名な『あなたは…』（一九六六年一一月二〇日）や『ハノイ　田英夫の証言』（一九六七年一〇月三〇日）で、同時録音による生中継風ドキュメンタリーの手法を開花させ、ドキュメンタリーの方法論を新しいテレビ論へと昇華させていった。ドキュメンタリーの可能性を論じることが、テレビの可能性を論じることにつながっていた幸福な時代、それが一九六〇年代だった。

なかでも一九六〇年代末に頂点に達した若者の反乱は、テレビのあり方に大きな問いを投げかけた。そこからドキュメンタリーの新たな方法論も生まれた。と同時に、それはドキュメンタリーの青春時代の終わりのはじまりでもあった。高度経済成長の終焉とともに、テレビの青春時代もやがて終わりを迎える。戦後日本にとっても、テレビにとっても大きな転換期となったこの時代を、テレビはどのように記録しようとしたのだろうか。まずは一九六〇年代末に登場したある番組を取り上げることからはじめよう。

2 『ドキュメンタリー青春』

一九六〇年代末から七〇年代はじめにかけて、話題になったひとつのドキュメンタリー番組があった。その番組は当時の若者たちを好んで主人公に取り上げた。あるときは、アングラ劇団「天井桟敷」出身の自由奔放な歌手カルメン・マキを、あるときは、「大学拒否宣言」を掲げ「永遠の浪人」になりたいと願う三人の青年を、またあるときは、ベトナムの平和を求めて行動をはじめた二人の在日ベトナム留学生を、またあるときは、連続殺人犯・永山則夫と同じ境遇に置かれた青森出身の同級生たちを(2)……。何かを求めて模索し葛藤する当時の若者たちの姿に迫ろうとしたそのドキュメンタリー番組、それが『ドキュメンタリー青春』である。

『ドキュメンタリー青春』は、東京12チャンネル（現在のテレビ東京）で一九六八年五月にスタートした。

放送時間は毎週金曜二二時三〇分から二三時。東京ガス株式会社が提供になり、放送は一九七一年三月まで続いた。制作を担当した東京12チャンネル報道部の部長・和田正光は番組の狙いを次のように述べている。

「近頃の若い者は…」と大人たちは苦々しげにいう。だがこれは遠くギリシャの昔から年寄りが口にしたことで、いまに始まったことではないという人もいる。いったい若者は変わったのだろうか。変わったのだとすると世の中はこれからどのようになっていくのだろうか。だがいずれにせよ「若さ」はなくてはならないものだ。それは何も若者に限らず、何歳になっても私たちの心の中に「若さ」がある限り、時代は変わってゆくのだと、私は思っている。いま私たちの周囲を見まわしたとき、実に様々な青春のエネルギーが若者たちを中心に渦巻いていることを痛感するが、「ドキュメンタリー青春」はこうした疑問をブラウン管にぶっつけて、現代における青春像を生き生きと捉えようとするドキュメンタリー番組である(3)

一九六八年と言えば、東大全共闘が結成され、安田講堂を占拠した年である。この年、こうした反乱する学生たちに象徴されるように、既成の秩序やモラルを突き崩し、新しい価値観を求める若者たちの動きが急速に活性化した。確かに「青春」はその時代を表現するのにふさわしいキーワードだった。と同時に、テレビの世界で、そうした若者たちの共感を集めるラディカルな番組作りをしていた萩元晴彦や村木良彦が職場配転を命じられ、その処分撤回を求めたTBS闘争が敗北したのも同じ一九六八年だった。一九七〇年に彼らはTBSを退社し、制作会社テレビマンユニオンを結成することになる。テレビ・ドキュメンタリーの青春時代はしだいに終わりを迎えつつあった。青春への期待と熱狂が最高潮に達すると同時に、その終わりが見えはじめた年、それが一九六八年だった。[4]『ドキュメンタリー青春』という番組は、そのような時代に登場した。

さて、この『ドキュメンタリー青春』の制作班の中心メンバーのひとりだったのが、田原総一朗である。田原は深夜の長時間生番組『朝まで生テレビ!』(一九八七年―、テレビ朝日系)や、日曜朝の報道番組『サンデープロジェクト』(一九八九―二〇一〇年、同)で、政治家や文化人を相手に過激な討論を繰り広げる司会者として一躍有名になった。テレビを知り尽くしたジャーナリストの一人である。彼はもともと、東京12チャンネルでドキュメンタリーの制作を担当するテレビディレクターだった。

田原総一朗は一九三四年、滋賀県生まれ。早稲田大学第一文学部を卒業後、一九六〇年から岩波映画製作所でPR映画等の製作に携わった。一九六三年、開局間近の東京12チャンネルに入社する。東京12チャンネルは日本初の科学技術教育局として一九六四年に発足した。米軍から返還された東京地区最後(当時)のチャンネルであった。田原はここで『未知への挑戦』(一九六四―六六年)、『カメラは見た』(一九六七―六八年)、『ドキュメンタリー青春』(一九六八―七一年)、『ドキュメンタリー・ナウ』(一九七二―七三年)のディレクターとして数々のドキュメンタリー番組の演出を手がけ、一九七七年にフリーのジャーナリストとなった。そのなかでもテレビディレクターとしての田原総一朗を最も有名にしたのが『ドキュメンタリー青春』だった。

田原の著書『テレビと権力』(二〇〇六年)によれば、彼にとって『ドキュメンタリー青春』はひとつの賭けだった。当時、新興の東京12チャンネルは、他局に比べて様々な点で不利な状況にあった。ノーブランドのうえに、予算も少なく、使えるフィルムの量も限られていた。そこで、あえて「リスクの大きな、危ない番組」を作ることで世間の注目を集めようとした。「テレビ・ドキュメンタリーでどこまでやれるのか、いきつく極限までやってやろうと考えるようになった。その見本のような番組のひとつが『ドキュメンタリー青春』シリーズ」であった。(5)

実際、この番組は、当時の社会のなかでは「脱落者」「危険な存在」「反社会的人間」と決めつけられようとしている人々をことさら選んで取り上げることが多かった。たとえば、フーテン族を主人公とする『新宿ラリパッパ〜このハレンチな魂の軌跡〜』(一九六八年)、フリー・ジャズの奇才山下洋輔がゲバ学生に囲まれてジャズ・コンサートを開く『バリケードの中のジャズ〜ゲバ学生対モーレッピアニスト〜』(一九六九年)、青森から上京して悶々と生きる若きフォーク歌手三上寛を、死刑囚永山則夫に重ねて描いた『ドギツク生きよう宣言〜もう一人の永山則夫・三上寛〜』(一九七〇年)などである。

田原はドキュメンタリーの制作を、こうした個性的な出演者と制作者の対決の場だと考えていた。彼にとってドキュメンタリーとは、出演者を追い詰めるための「罠」であり、制作者と出演者が対決を行うための「土俵」であった。その著書『青春　この狂気するもの』(一九六九年)のなかで、彼は自身のドキュメンタリーの方法を、当時、次のように述べている。

わたしは罠をはる。罠とは決定的時間を再現する土俵のことだ。カメラもマイクもむき出しにした土俵の上に、取材する相手をのせる。そして、カメラとマイクを武器に、相手を追いつめ武器を切り裂いていく。いわばゲームだ。しかし、いわば公開のカメラの奥の無数の目の前でくりひろげる出演者たちとスタッフのプライバシーの犯し合いは、やがてゲームでなくなる。カメラとマイクは本物の凶器になる。その瞬間……。

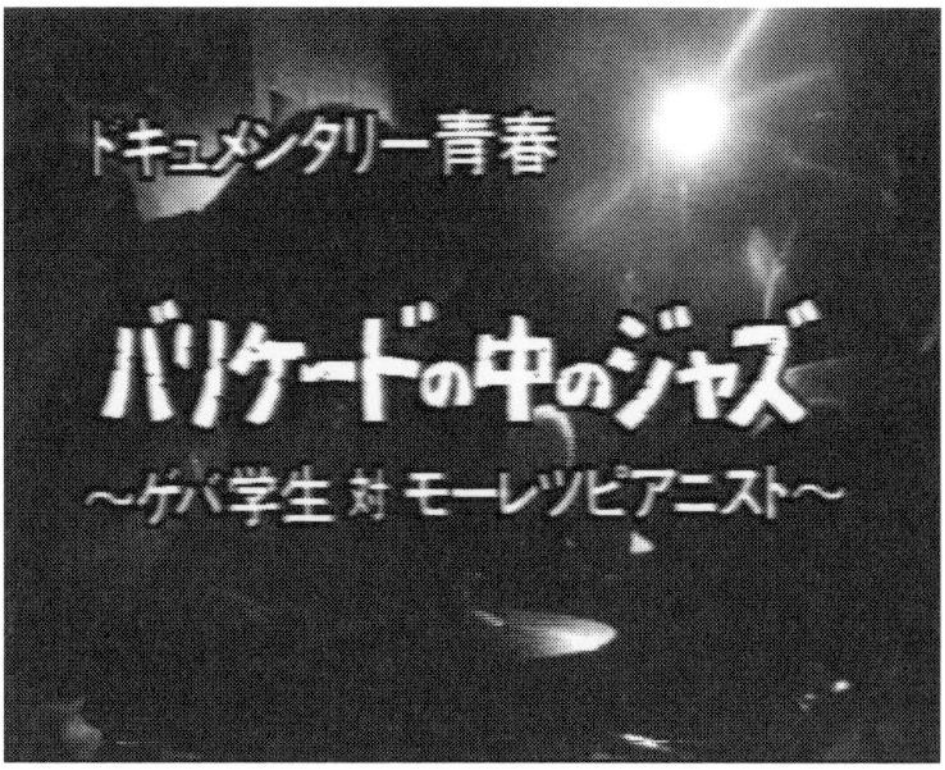

図1 『バリケードの中のジャズ』

これが、わたしのドキュメンタリーの手口だった[6]

『ドキュメンタリー青春』は、田原総一朗にとって、新しいテレビ・ドキュメンタリーの方法を試す場所だった。次節では、前述した番組のなかから『バリケードの中のジャズ』を取り上げ、彼が得意とした方法の新しさについて具体的に論じてみたい。と同時に、そうした方法が生まれてきた歴史的・社会的背景についても考えてみたい。それによって、『ドキュメンタリー青春』が一九六〇年代末に登場してきたことの意味が明確に浮かび上がってくるだろう。

3 決死の「殴り込みコンサート」

『バリケードの中のジャズ～ゲバ学生対モーレツピアニスト～』（構成：田原総一朗、撮影：野沢清四郎、ナレーション：根岸明、図1）は一九六九年七月一八日に放送された。この番組で田原が対決の相手に選んだのは、ジャズ・ピアニストの山下洋輔（図2）である。当時、山下は新宿のジャズクラブ「ピットイン」を中心に活躍していた。その自由な演奏スタ

図2 『バリケードの中のジャズ』（山下洋輔）

イルから、フリー・ジャズの旗手として話題を呼び、ジャズ界はもちろん、若い世代の人気を集めていた。

田原は、山下が極限の状況でピアノを演奏する姿をカメラに収めるために、あるアイデアを思いついた。「当時、いわゆる全共闘が燃えた夏の時代で、全国の多くの大学が学園闘争中であり、全国で学生たちがバリケード封鎖している大学が少なからずあった。しかも、その中で党派どうしの内ゲバが起きていた」。田原は考えた。「バリケード封鎖中の大学の内ゲバの中で山下の演奏会を行えば、石が飛び交い、ゲバ棒の殴り合いが起きて、山下が死に瀕する状況が生まれるのではないか[7]」。

こうして田原が山下と早稲田大学の学生たちをけしかけて実現したのが、山下による大学での「殴り込みコンサート」、題して「早稲田番外地～JAZZによる問いかけ」（出演：山下洋輔トリオ、相倉久人、平岡正明）である。まず早稲田大学の反戦連合の学生が、大隈講堂のピアノを持ち出す。そして敵対する民青（日本民主青年同盟）の拠点である法学部四号館の地下ホールにピアノを持って殴り込み、強引に山下洋輔のジャズ・コンサートを開催する。山下はヘルメット姿や覆面

図3 『バリケードの中のジャズ』(ピアノを運ぶ学生たち)

姿の学生たちに囲まれて、極度の緊張状態のなかで演奏に挑戦する、という仕掛けであった。実際にこの「殴り込みコンサート」は成功した。投石や乱闘騒ぎこそ起こらなかったが、二〇〇人あまりの学生がホールを埋め尽くし、山下の激しい演奏に聴き入った(8)。

『バリケードの中のジャズ』は、このコンサートの模様を描いた番組である。フリー・ジャズで注目を集める山下。しかし、彼は二年前に演奏中に喀血して以来、療養を続けており、医者から演奏をやめるよう忠告される。仕事をできるだけ断り、妻と仲睦まじく暮らす山下。しかし、そんな彼に学生たちが演奏を頼んできた。ゲバルトの繰り返される大学のなかでジャズができるかという挑戦状である。山下は引き受ける。コンサート当日、バリケード封鎖された大学構内。学生たちがピアノを大隈講堂から運び出し、地下ホールにゲバルトをかける(図3)。しだいに高まっていく緊張感。学生たちが取り囲むなか、ついに山下の演奏がはじまる……(図4)。番組前半は、ナレーションと映像を中心に、山下洋輔の人物像とコンサート開催の経緯を伝える構成になっている。後半はコンサートの模様を中心に、ナレーションを極力抑え

図4　『バリケードの中のジャズ』（山下の演奏）

て、延々と現場中継風に構成されている。

さて、この『バリケードの中のジャズ』から、田原のテレビ・ドキュメンタリーの方法が具体的に明らかになる。とくに注目したいのは「殴り込みコンサート」がこのドキュメンタリーのなかで果たしている役割である。田原は、明らかにこのドキュメンタリーのために、「殴り込みコンサート」という仕掛けを自ら準備している。田原の言葉を借りれば、それは出演者を追い詰めるために彼が仕掛けた「罠」であり、制作者と出演者が対決するために人為的に設定した「土俵」である。では、なぜ田原はこのような仕掛けをあえて準備したのだろうか。これを考える上でヒントになるのが、「ポーズ」や「演技」というキーワードである。実際、この『バリケードの中のジャズ』の前半では、ナレーションのなかにしばしば唐突に「芝居」「ポーズ」「演技」「ごっこ」といった言葉が登場する。

――実はこのシーン、彼が我々のためにお膳立てをしてくれたお芝居なのである

――これだけはカットしないでくださいよ、と彼が念を押したお得意のポーズ。ものぐさで無頓着な天才芸術家風。ごっこ、演技、ポーズ。山下洋輔、あなたはなぜそんなにポーズにこだわろうとするのだろう

――彼はイライラしていた。今度はエキセントリックな芸術家風。なぜそんなにイライラして見せるのか。なぜポーズの中に閉じこもろうとするのか。我々はあなたのポーズのその先にあるものを求めてきたのだが、あるいはあなたは演技やポーズの中にあぐらをかいている、そういう男なのか

田原にとって、「殴り込みコンサート」という仕掛けは、山下洋輔の「ポーズ」の裏側を暴き出すために必要不可欠なものだった。田原は、「殴り込みコンサート」という極限の状況をあえて設定することで、山下の「ポーズ」を引き剝がし、彼の「素」の表情が現れる決定的瞬間を捉えようとしたのである。前述の『青春　この狂気するもの』のなかで田原は次のように述べている。

わたしたちは（むろんあなたも）、実のところ日常生活のなかでは、自分の内側をさらけ出すようなことはあまりない。嫌なことにはなるべく触れないでいようと思うし、面倒なことを決めるのはできるかぎり先にのばそうとする。もちろん、自分のやましさ、みにくさ、ずるさ、弱さなどからはなんとか眼をそむけておこうとする。つまり自分で計算した安全圏のなかで対決し、苦悩し、行動しているのである。他人の眼、カメラに対すると同様に自分に対してもカッコイイポーズをしているわけだ。

そんなあなたのために、まず、土俵をつくる。その土俵にあがるかどうかはあなたの自由だが（もちろん、土俵にあげるために、わたしはあらゆる策略をめぐらすだろう）、一度土俵にあがったら、まやかしの武装をしたあなたにカメラとマイクが凶器のようにせまる。

こうこうと照りつけるライト。いわば衆人環視の土俵の上で、むき出しの凶器のようなカメラとマイクをなかにして、制作者（わたし、あるいはスタッフ）とあなたが対決する[9]

出演者のまやかしの「ポーズ」や「演技」を引き剝がし、その本音をさらけ出させるために、様々な仕掛けを用意する。これが、田原が得意としたテレビ・ドキュメンタリーの方法だった。これは従来のテレビ・ドキュメンタリーの基準から考えれば、大きな発想の転換である。テレビの外部にある世界を客観的に「解説」したり「観察」したりするのではなく、作り手が挑発者として積極的に世界に「介入」し、新たな現実を創造してしまう。それは「介入型」「挑発型」の新しいドキュメンタリーの方法だった。

ただし、それを、田原の生まれつきの才能や作家的個性によるものと単純に考えるのは間違いである。実際、田原が東京12チャンネルで初期に制作したテレビ・ドキュメンタリーを見てみると、このような「介入型」「挑発型」の手法は用いられていない。[10] こうした手法は田原が一九六〇年代後半から一九七〇年代にかけてテレビ・ドキュメンタリーの制作に携わる過程でしだいに確立されていったものと考えられる。その意味で、こうした新しい方法は、田原の個人的な発明というよりも、むしろ時代の要請のなかから生まれてきたものだった。[11]

4 若者、ジャズ、テレビ

それにしても、なぜこの時期、こうした「介入型」「挑発型」ドキュメンタリーの手法が登場してきたのだろうか。言い換えれば、非日常の仕掛けをあえて設定することによって、日常の「ポーズ」や「演技」の裏側に迫ろうとする手法が、なぜこの時代に求められたのだろうか。おそらく、その背後には、「ポーズ」や「演技」に拘束された日常から解放されたい、非日常の場所で「自由」になりたい、という当時の若者たちを強く支配していた「自由への欲求」があったように思われる。

たとえば、ジャズは、まさしくそのような「自由への欲求」を表現する「同時代の音楽」だった。マイク・モラスキーはその著書『戦後日本のジャズ文化』のなかで、一九六〇年代から一九七〇年代にかけて、日本でジャズのイメージが、「軽く聞き流す、アメリカ民主主義を代表する陽気な音楽から、アメリカ社会の不平等を体現する――と同時に〈自由の希求〉を象徴する――黒人たちの音楽へ」と大きく様変わりしたことを指摘している。[12]

とくに一九六〇年代末から一九七〇年代半ばにかけて全盛を迎えたのが、フリー・ジャズである。フリー・ジャズは、即興演奏における自由を極限まで追求した。それは、確立されたジャズ・スタイルの音楽的拘束からの解放を求める「自由」の象徴だった。当時活躍した相倉久人や平岡正明といった評論家たちが、こうしたフリー・ジャズの可能性に注目し、ジャズ革命を唱えたことはよく知られている。彼らにとってジャズは「単なる音楽」ではなく、社会闘争や意識革命を促す「方法」そのもの（「ジャズ的」に思考し、認識し、行動し、表現する！）であった。[13]

ジャズだけではない。この時代、小説、詩、演劇、映画、音楽など、様々な領域で同じような表現の実験が盛んに試みられた。それは、既存の文化規範を破壊して、新しい表現形態を創造しようとする前衛的な文化革新運動だった。日常の秩序を破壊することを意味する「ハプニング」や「状況」といった言葉が流行語となったのもこの頃である。新宿はそのようなアンダーグラウンド文化の発信基地だった。ここに集まった多くの若者たちはとにかく古いシステムを破壊して、拘束から自由になることを求めた。まやかしの「ポーズ」や「演技」から解放され、自由になりたいという気分がいたるところに充満していた。

そうした若者の気分は、「青春」というこの時代のキーワードに何よりもよく表れている。「青春」とは大人になる前の期間、つまり社会的役割を強制される以前の人間の状態に与えられた別名である。それに対して、大人は常に様々な社会的役割(肩書き)を背負って生きている。「……大学卒」「……会社の部長」「……の妻」。若者にとって、大人になるとはそうした「役割」「演技」「ポーズ」に縛られて生きることを意味した。だから、この時代、「青春」という病にかかった多くの若者たちは、「役割」「演技」「ポーズ」に支配された日常から逃走しようとした。自分たちの日常を支配する様々な役割の拘束から離脱して、革命や闘争といった非日常のなかに解放された本当の自分を見つけ出そうとした。

「介入型」「挑発型」のテレビ・ドキュメンタリーの方法は、こうした若者たちの気分、様々な文化革新運動と密接に関わりながら登場してきた、と考えられる。田原は同時代の若者たちと同じように、「ポーズ」や「演技」の先にある「本当のもの」(authenticity)を執拗に追求した。田原が得意とした手口、すなわち、非日常の仕掛けをあえて作り出すことで、「ポーズ」や「演技」の裏に隠された真実に迫ろうとするテレビ・ドキュメンタリーの方法は、こうした時代のなかから生まれてきたものだった。

別の言い方をすれば、田原は、『ドキュメンタリー青春』という番組で、同時代の前衛的な文化革新運動と連携して、新しいテレビ表現に挑戦しようとしたのだと考えることもできる。田原は若者やジャズを単に「題材」として描いたのではない。テレビの表現そのものを変えるための手段として、若者やジャズの「方法」をテレビに持ち込もうとした。いわば「若者的」「ジャズ的」にテレビ番組を作ろうとしたのである。田原にとって、『ドキュメンタリー青春』それ自体が、旧来のテレビ表現の拘束を破壊して、新しいテレビ表現を創造しようとする実験であった。

以上、『ドキュメンタリー青春』が一九六〇年代末に登場したことの意味について考えてきた。田原が得意とした「介入型」「挑発型」の新しいドキュメンタリーの手法。それは、若者たちがまやかしの日常性からの解放（青春！）を求めた一九六〇年代という時代のなかから生まれたものだった。それは、同時代の様々な文化革新運動とも通底する新しいテレビ表現の実験であった。その意味で、一九六〇年代と一九七〇年代の境目に登場した『ドキュメンタリー青春』は、まさしくテレビ・ドキュメンタリーの青春時代の最後を飾るにふさわしい番組だった。

しかし、こうしたテレビ文化の革新運動は一九七〇年代に入ると同時に、大きな曲がり角を迎える。一九六〇年代の「自由への欲求」を誠実に引き継いだ一九七〇年代のテレビ・ドキュメンタリーは、やがてその批判の矛先をテレビそのものに向け、自己批判をはじめるだろう。一九七〇年代、テレビ・ドキュメンタリーの青春時代が終焉していく陰で、いったい何が起こっていたのか。次に明らかにすべきは、これである。

5　テレビの自己批判

一九七一年三月、『ドキュメンタリー青春』の放送は突然終了した。田原によれば、一九七〇年代に入り、若者たちの「分断され拡散されたエネルギーが、敵に向けられずに、内なる差異に向けられ、いわゆる内ゲバが激しくなる頃から、ドキュメンタリー『青春』には非難と罵倒の声が殺到することになった」。そうした非難や罵倒の声は、局内や、スポンサー、代理店に多かった。後続番組では、「青春」という言葉はタブーとなり、『ドキュメンタリー青春』の中心スタッフも、周到に排除された、という。[14]

確かに、一九七〇年以降、「青春」に対する世のなかの期待と熱狂は急速にしぼんでいった。一九六〇年代末、若者たちは、日常の拘束から解放されたいという願いに突き動かされて激しく行動した。しかし、解放されたその先に何を目指すのかを彼ら自身もよくわかっていなかった。一九七〇年代に入り、「大学解体」の夢が挫折した後、若者たちは運動する自分たち自身を問い直しはじめる。先鋭化した学生運動家たちは、党派の理論をめぐる観念的な内ゲバを繰り返し、「総括」という名の自己批判へとしだいに自分たちを追い込んでいった。その行き着いた先が、言うまでもなく、一九七二年の連合赤軍によるあさま山荘事件であった。

『ドキュメンタリー青春』の挫折の後、田原も同様に、テレビと自己の関係を問い直す作業へと、自分自身を追い詰めていった。旧来のテレビ表現の拘束を破壊しようとした田原のテレビ革新運動は、テレビ局の内部で働く自己に対する批判へとしだいにその矛先を変え、急進化していった。『ドキュメンタリー青春』が終了したその年の秋、田原は次のように述べている。

たとえば、わたしにとっての〈テレビ〉。ディレクターとしての番組づくりが、あまりに日常的になり過ぎている。わたしは番組をつくるとき、何を見つめていたか。家族のこと。局内における地位の安寧。仲間たちとのバランス。番組づくりが主体的な仕事なのか職業としての労働なのかと問い返すのもはずかしいような、サラリーマン的ムードにどっぷりと浸かってしまった姿勢[15]

では、日常のなかにいて、日常に取込まれない、なれあわないための歯止め、とは？　わたしは、それを、いすわりだと考えている。いわば日常の外にではなく中に、非日常的スペース、ないしは生活をつくること。日常のなかでドロップ・アウトすること。わたしのいうドロップ・インがそれである[16]

「ドロップ・イン」とは田原の造語である。まやかしの日常からの逃走を図る一九六〇年代的な「ドロップ・アウト」に対して、まやかしの日常を直視し、それと対決する姿勢を彼はしばしば「ドロップ・イン」と呼んだ。いわば「非日常の闘い」から「日常の闘い」へ。あるいは「まやかしの日常を押し付けてくる誰かとの闘い」から「まやかしの日常に生きる自分自身との闘い」へ。この「ドロップ・イン」という言葉には、一九六〇年代的な解放の論理が、一九七〇年代に自己批判の論理へと反転していく様が、見事に表現されている。[17]

田原のこうした自己批判の姿勢が、最も先鋭な形で現れたのが、一九七三年に出版された『テレビディレクター』（合同出版、図5）である。この本は、田原がその五年前に作った『出発』という番組（『ドキュメンタリー青春』で一九六八年一一月一七日に放送）の制作の内幕を暴露したものだった。田原は、この本のなかで、その番組がいかに悪質なやらせだったかということを包み隠さず告白した。佐藤忠男の言葉を借りれば、それは「これまで、ドキュメンタリーに関して書かれた、もっとも深刻な本のひとつ[18]」だった。

『出発』は、その年の芸術祭参加作品として半年以上の取材期間をかけて制作された。「ある少年が、

図5『テレビディレクター』

少年院から社会に出る。そして東京のある調理師学校に入学して調理師の資格をとるために勉強する。しかし彼は、生徒たちの仲間にあまりすっきりとけ込めない。ある夜、彼は、寮の同室の仲間たちに対して、自分が少年院出身の元非行少年であることを率直にうちあける」[19]。元非行少年がどのように社会復帰を果たしていくかを、以上のようなエピソードをもとに描いた番組である。

しかし、実はそこで描かれた現実は、ほとんどスタッフが裏で設定したものだった。そもそも、主人公が少年院を出るにあたり、スタッフの一人が身元引受人になり、自宅に下宿までさせていた。出所後の主人公はトラブルばかり引き起こし、いっこうに調理師学校に入るための努力をしない。調理師学校への入学は、田原が金を工面して、学校側に特別に頼み込んで実現させた。主人公が寮の仲間に自分の過去を打ち明けるクライマックスの場面も、それを嫌がる本人や学校側を裏で説得して、田原たちが仕組んだものだった。番組そのものは大きな問題もなく放送されたが、その後、田原たちが強引に仕掛けた設定は次々に破綻する。少年は調理師学校を退学させられ、テレビに利用された腹いせに、田原に金をゆすりに来るようになった。その数カ月後、落ちぶれた少年は殺人を犯し、刑務所に入った。テレビ取材は結果的にひとりの少年の実人生を弄ぶことになった。

田原は『テレビディレクター』のなかで、こうした番組の舞台裏の一切を明らかにした。それは、テレビディレクター自身の現実への関わり方を自己批判する深刻な告白だった。確かに、田原は『ドキュメンタリー青春』で様々な仕掛けを積極的に行ってきた。しかし、その仕掛けを設定する田原自身は常に舞台裏に隠れていた。たとえば、『バリケードの中のジャズ』では、「殴り込みコンサート」の話を山下洋輔や学生に持ちかけたのは、実際には田原本人だったが、番組上では学生の発案ということにされていた。『テレビディレクター』は、こうしたテレビディレクター自身のまやかしの「演技」や「ポーズ」までも赤裸々に暴露してしまう自己批判の書物だった。

と同時に、ここで注目したいのは、田原がそうした自己批判を、書物という形だけではなく、テレビそれ自体のなかでやるべきだったと述べている点である。この本のなかで、田原は「ほんとうは、この、かなり滑稽で、深刻な、舞台裏」をカメラで撮影すればよかったのだと主張する。[20]当初の予定通りに事態が進行しないことに苛立つ自分たち、そのため止むを得ず「やらせ」を仕組んでいった自分たちの姿を、そのままテレビで見せるべきだったというわけである。もしそれが実現すれば、テレビの仕掛けそれ自体をテレビのなかで見せてしまうという意味で、まさしくテレビによるテレビ批判、すなわち究極の自己批判となったであろう。

ちなみにこの時期、NHKにも同じように、テレビ局の内部で自己批判を展開した人物がいた。『キャロル』をめぐる事件で有名になった龍村仁である。当時、矢沢永吉をリーダーとする「キャロル」は、若者に人気のロック・バンドだった。NHKのディレクターだった龍村は、一九七三年、このロック・バンドを描いたドキュメンタリー番組『キャロル』を制作した。しかしこの番組はドキュメンタリーの表現を逸脱しているという理由でNHKとの間にトラブルを起こし、結局ドキュメンタリー番組としての放送を中止されてしまう。龍村はこの問題をNHKの内外に訴えるために活発な運動を展開し、一九七四年には映画版『キャロル』を監督した。しかし、結果的にその映画制作が無許可の外部業務と判断され、龍村は一九七四年にNHKを懲戒解雇された。

その闘争の細かい経緯についてはここでは省略するが、[21]興味深いのは、解雇当日、龍村が小型VTRをかついでNHK放送センターに入り、NHKが自分を解雇する様子を自ら撮影したというエピソードである。

部長「あのー、そ、そういうものを持ちこまれては、ちょっと困るな、それはちょっと遠慮してくれないか、業務だから。」
龍村「いや、ぼくはもう業務だからなんて事は……、」
部長「それは、ちょっとやめて下さい。そういう形でね、話し合いするのは、おことわりします。」
龍村「話し合い、という関係ではないでしょう。クビの辞令を渡す訳でしょう。いいですよ、このままで。(22)」

龍村がこのときやろうとしたのは、自分の表現を拒否したテレビ局の内部をカメラで記録しようとすることだった（もちろん撮影と同時に龍村は解雇されてしまうので、その映像がテレビで実際に流される可能性はほとんどないに等しいが）。言い換えれば、テレビを批判するために、テレビの仕組みそのものをカメラで記録しようとしたのである。それは田原が『テレビディレクター』で述べていたアイデアにも通じる、テレビによる自己批判のひとつの形だった。

一九七〇年代とは、テレビの内部でこうしたテレビ自己批判が先鋭化していった時代であった。田原や龍村の自己批判を突き詰めていけば、テレビ・ドキュメンタリーは自らの仕掛けを自らのなかで暴露することになる。そうなれば、それまでのテレビ・ドキュメンタリーを支えていた古典的なルールは通用しなくなる。それは、いままでのテレビのあり方をテレビ自身が否定するという意味で、テレビ表現の大きな転換点だった。一九七〇年代、ドキュメンタリーとテレビの内部で起こっていたのは、以上のようなテレビ自己批判の運動であった。それは、ある意味で、一九六〇年代末にはじまったテレビ文化の革新運動の必然的な帰結であったということができる。

6 『朝まで生テレビ！』へ

さて、テレビの自己批判をあまりに誠実に試みた田原や龍村は結局どうなったか。結果的に言えば、二人ともテレビに居場所を失った。龍村はＮＨＫを懲戒解雇された。田原は、その後、この『キャロル』事件を番組化してテレビの仕組みをテレビのなかで問い直そうとした。しかし、龍村やＮＨＫ職員を取材した結果、局から放送中止を言い渡され、ドキュメンタリー制作の現場から外された(23)。こうして田原も結局、テレビ局を去ることになった。

東京12チャンネルは望んで辞めたのではなかった。とくに終盤近くなって、会社との関係が良好とはとてもいえなくなった。だが、東京12チャンネルには悪感情は一切持っていない。私は東京12チャンネルで、テレビドキュメンタリストとして、やりたいことはほぼやり尽くした。先輩や同僚、後輩たちとの同志的な結合もあって、企業内では無理な冒険も繰り返し敢行できた。東京12チャンネル時代こそは、恐れを知らずに、無分別に無軌道にふるまえた、わが青春であった(24)

一九七七年、田原総一朗は東京12チャンネルを退職し、フリーのジャーナリストになる。四二歳だった。それは、田原個人の青春時代の終焉であると同時に、テレビ・ドキュメンタリーの、そしてテレビの青春時代の終焉でもあった。

しかし、同時に、このテレビ自己批判の運動から新しいドキュメンタリーとテレビのあり方が生まれてきたことも忘れてはならない。すなわち、仕掛けを隠すのではなく、それ自体を積極的に見せてしまうドキュメンタリー。取材拒否やクレーム、妥協や失敗、といったテレビの裏側をも包み隠さず見せてしまうドキュメンタリー。出来事の「結果」ではなく、出来事が生まれていく「プロセス」それ自体を見せるドキュメンタリー。一九七〇年代以降、こうした新しいテレビの手法が登場してくることになる。

実際、一九七〇年代以降、フィルム取材が小型VTRを活用した電子取材システム（ENG）に取って代わるなかで、テレビはこれまで以上に「プロセス」を重視するようになっていった。考えてみれば、テレビ史に残る大イベント、一九七二年のあさま山荘事件の生中継に、すでにそうした兆候が現れていた。二月二八日の警察突入のその日、テレビは一〇時間以上にわたり、CMをカットしてその模様を流し続けた。NHK・民放をあわせたテレビの総世帯の最高視聴率は八九・七パーセントに達した。テレビがこのとき見せていたのは、テレビという「プロセス」そのものだった。こうした現実の見世物化は、その後、ワイドショーを中心に日常化していくだろう。

あるいは、現代のバラエティ番組を考えてみてもいい。テレビが積極的に現実に介入し、新たな現実を創造する「ドキュメント・バラエティ」や「リアリティ・ショー」は、間違いなく田原が試みた「介入型」「挑発型」のドキュメンタリーの末裔である。後に『進め!電波少年』（一九九二—二〇〇三年）のプロデューサーとして活躍する日本テレビの土屋敏男は、田原の『テレビディレクター』を読んで、テレビの世界を志したという。[25]『電波少年』は、状況設定によるドキュメンタリーの手法をバラエティのジャンルに持ち込み、大きな注目を集めた。こうした手法は、とくに一九八〇年代以降、ジャンルを超えて、テレビ文化全体に広がっていくだろう。

田原総一朗自身もやがて、テレビで見事に復活を遂げる。一九八七年からはじまった『朝まで生テレビ！』は、田原が政治家や文化人のゲストたちと様々なテーマをめぐって真剣勝負を繰り広げる討論番組である。『朝まで生テレビ！』の田原は、テレビスタジオという衆人環視の「土俵」の上で、ゲストを挑発してその本音を引き出し、原発、天皇制、部落問題など、テレビのタブーとされる話題に果敢に切り込んでいった。特別な状況を設定し、白熱の議論を巻き起こしていくその手法は、『ドキュメンタリー青春』を彷彿とさせる。田原は『朝まで生テレビ！』について次のように述べる。

今は、あれがかつてドキュメンタリーの中で求めようとしていたものの、延長線上にあるんだなと思いますね[26]

一九六〇年代末から七〇年代にかけて、テレビの表現方法を問い直す様々な試行錯誤や実験が繰り広げられた。『ドキュメンタリー青春』で田原が追い求めた「介入型」「挑発型」の新しいドキュメンタリーの方法論もまた、そうした試行錯誤のなかから生まれた。それは若者たちが既存の文化を破壊して激しく自由を追い求めた時代の産物でもあった。カメラとマイクを突きつけ、新しい現実を創造していくそのユニークな手法は、従来のテレビ・ドキュメンタリーのルールを解体すると同時に、七〇年代以降のテレビ文化の転換をいち早く予見するものだった。

注

（1）工藤敏樹がＮＨＫのドキュメンタリー制作のなかで占めた重要な位置については、工藤敏樹の本を刊行する会編『工藤敏樹の本Ⅰ　メモワール』（一九九五年）、同編『工藤敏樹の本Ⅱ　フィルモグラフィ』（同）が詳しい。

（2）東京12チャンネル報道部編『ドキュメンタリー青春』自由国民社、一九七〇年。同書には、以下の八つの番組が再録されている。『カルメン・マキ体験学入門』、『戦無派ドジカル浪人宣言』、『新人狩り』、『友よ、君の銃声がきこえる』、『混血GIジョー』、『片目のアイヌ・ボクサー』、『連続射殺魔と13人の若者たち』、『われら少年自衛官』。

（3）同書、三頁。

（4）三浦雅士はその著書『青春の終焉』（講談社、二〇〇一年）で、一九六八年を「青春」にとって重要な転機として指摘している。「学生反乱の年として知られる一九六八年、おそらくその最後の輝き、爆発するような輝きを残して、この言葉は消えていった」（同書、八頁）。「一九六〇年代、街には青春という語が溢れていた。書店だけではない。映画館にも、劇場にも、美術館にさえも、青春という語が染み透っていた。一九六〇年に吸い込まれた熱い空気が、一九六八年に向けて吐き出されようとして、人々の胸のうちでせつないほどにもがいていた。時代そのものが青春だった。そしてその青春は、一九七〇年をまたぐと同時に、見る見るうちに萎んでしまったのである」（同書、一一頁）。

（5）田原総一朗『テレビと権力』講談社、二〇〇六年、六〇頁。

（6）田原総一朗『青春　この狂気するもの　テレビドキュメンタリストの眼』三一書房、一九六九年、七〇頁。

（7）田原、前掲書、二〇〇六年、六八頁。

（8）このコンサートには、当時偽学生として反戦連合の活動家でもあった中上健次や立松和平、後に連合赤軍に入ってリンチに合い処刑された山崎順などが参加していた（同書、七〇頁）。立松和平は、後に『今も時だ』（『新潮』一九七一年三月号）でこのコンサートの模様を小説化している。また、このコンサートのレコードは、一九七一年、麿赤児によって『DANCING古事記』として自費リリースされ、山下洋輔トリオのデビュー作となった。

(9) 田原、前掲書、一九六九年、一一二頁。
(10) たとえば『未知への挑戦』で一九六四年一一月に放送された『失われし時を求めて』(芸術祭参加作品)。この番組は、三井三池炭鉱のガス爆発事故で犠牲になった一酸化炭素中毒患者とその家族の姿を記録しているが、そのスタイルは説明的なナレーションと映像を多用した古典的な記録映画の方法に近い。
(11) 実は、こうした方法は、一九六〇年代のフランスで、同時録音技術の発達を背景に誕生したシネマ・ヴェリテと呼ばれる新しいドキュメンタリー映画の潮流と深く関係している。シネマ・ヴェリテの特徴は、取材者が現実を傍観する「観察者」ではなく、現実に積極的に介入する「挑発者」として振舞う点にある。一九六〇年代後半には、日本のテレビにおいても、こうした「介入型」「挑発型」のドキュメンタリーの実験が盛んに行われた。前述したTBSの『あなたは…』(一九六六年)はその代表例である。
(12) マイク・モラスキー『戦後日本のジャズ文化 映画・文学・アングラ』青土社、二〇〇五年、三〇三頁。
(13) 平岡正明『ジャズ宣言』イザラ書房、一九六九年、一〇五頁。マイク・モラスキー、前掲書、一六七―一八八頁。
(14) 田原総一朗「テレビドキュメンタリーは何処へいった!」『テレビ映像研究』第二号、一九七五年一一月、四〇―四一頁。
(15) 田原総一朗「日常からの遁走?」『展望』第一五四号、一九七一年一〇月、七六頁。
(16) 同論文、七八頁。
(17) 田原は一九七一年、テレビ局に勤めながら、映画『あらかじめ失われた恋人たちよ』(出演:石橋蓮司・桃井かおり・加納典明、配給:日本ATG)の監督を務めた。田原にとっては、こうした映画制作も、テレビにいすわりながら自分のエゴを追求する「ドロップ・イン」の実践のひとつだった(田原総一朗「ドロップ・インの映画づくり」(『展望』第一五三号、一九七一年九月、九六―一〇〇頁)。
(18) 佐藤忠男『日本記録映像史』評論社、一九七七年、三〇九頁。
(19) 同書、三一三頁。

(20) 田原総一朗『テレビディレクター』合同出版、一九七三年、一三〇―一三一頁。

(21) 詳しい経緯については、龍村仁『キャロル闘争宣言　ロックンロール・テレビジョン論』(田畑書店、一九七五年)を参照。

(22) 同書、一六八頁。

(23) 詳しい経緯については、田原、前掲論文(一九七五年、三八―四六頁)を参照。

(24) 田原、前掲書、二〇〇六年、一一一頁。

(25) 田原総一朗『田原総一朗自選集Ⅳ　メディアと権力のカラクリ』アスコム、二〇〇五年、六五三頁。

(26) NHK放送記念日特集プロジェクト『ドキュメンタリーとは何か　立花隆の連続対論』一九九五年、九頁。

第6章　ドキュメンタリーは創作である
——木村栄文と『あいラブ優ちゃん』

1　自由奔放、変幻自在な作風

「ドキュメンタリーは自分の思いを描く創作である」——木村栄文[1]はそう言って憚らなかった。福岡のRKB毎日放送で名物ディレクターとして活躍した木村は、一九七〇年代以降、『苦海浄土』『まっくら』『あいラブ優ちゃん』など、数多くの傑作ドキュメンタリーを世に送り出した。芸術祭大賞をはじめとする数々のテレビ番組賞を受賞し、「賞獲り男」「ミスター・ドキュメンタリー」と呼ばれた。地域や系列を超えて、全国のテレビ制作者に広く影響を与えた。

その作風は自由奔放で、ときに荒唐無稽、決して一筋縄ではいかない。木村のドキュメンタリーには、しばしば堂々と俳優が登場し、現実と虚構が混ざり合う。ディレクターである木村自身も「ここはオレの出番だ」とばかりに、よく画面に顔を出す。挙げ句の果てには、自分の愛娘を主人公にしてホームムービーのような番組まで制作してしまう。お行儀のいい、いまのテレビ・ドキュメンタリーを見慣れた眼には、その自由で型破りな作風は衝撃的ですらある。

昔から、ドキュメンタリーは〝創る〟ものと自分でも思い、人にも言ってました。だから、ドキュメンタリーとドラマをどこで区切るかというのは、自分でもおぼろなんです。意識の中では、まるで違和感がない(2)

実際、私も木村の初期の代表作『まっくら』を初めて見たとき、その虚実が混沌とした世界観に「これが本当にドキュメンタリーなのか」と面食らったものだ。「ドキュメンタリーは事実を伝えるべきもの」という単純な考え方は、少なくとも木村の番組には通用しない。なぜなら、そもそも木村は事実を描こうなどと思っていなかったからだ。木村が語る次のエピソードは、周囲とのすれ違いをよく示していて、興味深い。

かつて『テレビ・ルポ』担当各局の懇談会で、話が野暮な方角へ展開し、つい「私は事実を描こうと思って番組を作っちゃいません」と口をすべらせたのが運の尽き、同席した各局諸氏から「それじゃ貴方が作っているのは何なのか」と問い詰められたことがある。オロオロ私は抗弁したが、下宿屋の二階で議論した経験もなく、説得力のある弁明のできない不勉強もあって、ただ逃げまわるばかりだった(3)

木村にとってドキュメンタリーは自分の思いを描く創作だった。木村は制作者としての生涯を通して、そのことを自ら確かめ、訴え続けたように思う。彼の創作したドキュメンタリーとはいったいどのようなものだったのか。彼の変幻自在な作風はいかにして生まれたのか。その背後には、どんな時代背景や

図1　『苦海浄土』

社会背景があったのか。以下では、初期の代表作と彼の遺した言葉を手がかりに、木村栄文のドキュメンタリーの思想と方法に迫ってみたい。

2　公害告発ではなかった『苦海浄土』

「文句があるなら、自分の親に、子に、妻に、水銀を飲ませてみろ。そうすればこの地獄がわかる」——木村栄文の名を一躍有名にしたのは、一九七〇年一一月一四日に放送され、芸術祭大賞を受賞した『苦海浄土』（図1）である。もともとこの番組は水俣在住の石牟礼道子が、水俣病患者の生きる極限的な世界を哀しくも美しい筆致で綴った同名の小説『苦海浄土　わが水俣病』（一九六九年）を、木村が出版の翌年に映像化したものだった。

新日本窒素水俣工場（チッソ）の企業城下町である熊本県水俣市の漁民は、一九五三年の一号患者発生以来、工場廃水が原因と思われる有機水銀汚染（水俣病）に苦しんでいた。石牟礼の『苦海浄土』が出版された一九六九年は、患者家族二九世帯を原告とする第一次水俣病訴訟が起こされた年で、公害企業告発、環境汚染反対の声が高まっていた時期であった。木村の『苦海浄土』も、このような時流に乗って、公害問題を告発した番組として話題になった。

しかし、ここで注目したいのは、木村自身はそのような時流にむしろ疎外感を味わっていたということだ。

私には、なにかを告発したいという欲求が、当時から乏しかった。ちょうど、七〇年安保を間近にして市民運動の昂揚期だったが、番組でそういう運動家の反権力、反公害の主張に共鳴し、それらを収録したいという気分にはなれなかった。キャンペーン番組というのがまた苦手だった。公憤をかき立てようにも、その素地がないのだ(4)

木村が市民運動やジャーナリズムに対して感じていたこのような疎外感は、彼が当時のドキュメンタリー番組の主要な制作者たちと接触するときにも、常に突きつけられるものだった。

TBS系列の『カメラ・ルポルタージュ』や『テレビ・ルポルタージュ』の時代には、政治性のあるネタを摑むカンがなくて、肩身が狭かった。つまり、みんなが、安保にベトナムにオキナワに、あるいは水俣や三里塚に昂揚しているとき、私は、ボンヤリと周囲を眺めて無為だった。たまに担当すると、超時代的なもの、多分に情緒的なものをつくっては、会議の席で、TBSの吉永春子さん(5)や朝日放送の鈴木昭典(6)さんからへこまされた(7)

木村にしてみれば、『苦海浄土』という番組は、公害告発などといった大義名分とは関係なく、原作を読んだときの感動をきっかけにして、石牟礼の文章の美しさをそのまま映像詩にしようと試みたものだった。[8] 芸術祭大賞受賞を紹介する一九七〇年一二月一二日付の西日本新聞朝刊の記事のなかで、木村は次のように述べている。

熊本放送のようなりっぱなものを作る自信はなかった。[9] ただ私の場合、水俣病を第三者の立場からは取り上げたくなかった。マスコミは被害者のほうにたつにはどうしても限界があり、被害者の中に入った石牟礼さんを通すほかに方法がなかった

石牟礼道子の小説『苦海浄土』は、近代産業文明に引き裂かれて崩壊する漁民の世界（苦海）を、生命が交感する幻視的な世界（浄土）として逆説的に前景化したものである。石牟礼の描く詩的世界が美しいだけに、そこには近代社会に対して彼女が感じている痛みが深く静かにしみわたっていた。初出の連載雑誌の編集者を務めていた渡辺京二は、文庫版の解説において、「実をいえば『苦海浄土』は聞き書きなぞではないし、ルポルタージュですらない。ジャンルのことをいっているのではない。作品成立の本質的な内因をいっているのであって、それでは何かといえば、石牟礼道子の私小説である[10]」と述べている。

木村は、こうした石牟礼の私小説的世界観を映像化するために、ドキュメンタリーにあえて俳優を起用し、現実の世界に絡ませるという方法を使った。石牟礼の想念の化身として登場するのが、俳優の北林谷栄である。番組では、盲目の旅芸人（瞽女）に扮した北林が、美しい水俣の海と空、そして患者た

図2　『苦海浄土』（左が北林扮する瞽女）

ちを訪ね歩く（図2）。北林を本物の旅芸人と信じ込んだ患者や家族は、取材者やテレビカメラに対する態度とは違って、自然な表情を見せる。こうして木村は、水俣病患者たちの生きる世界に一歩踏み込もうとした。

このフィクショナルな方法は賛否両論を巻き起こした。新しい表現方法を切り開いたという意見もあれば、この番組を認めたらドキュメンタリーは分解するという意見もあった。評論家の岡本博は次のように述べている。

木村のこのアイディアは、その時あらゆる記録者がその内心にもつ恐怖を突き抜けたようである。誰に頼まれたのでもないおせっかいな作業をなす記録者には、そのこと自体への畏れがあるはずだ。俳優を使って無邪気な被取材者をダマすのは、これに倍する恐怖をのり越えることなしに果せる業ではない。木村をしてそれをなさしめたのは、恐らく水俣病患者に対する報道記録者の底知れない情動によるものであったにちがいない[11]

結果的に『苦海浄土』はその斬新な方法が評価され、一九七〇年度の芸術祭大賞を受賞した。ただし、木村自身は『苦海浄土』の出来映えにそれほど満足していなかったようだ。

主演の北林谷栄さんは正統派のマルキスト、石牟礼さんはシラケストで、そりが合わない。北林さんはこのドキュメンタリーを作る意義はなにか、それは水俣病の現実を世に訴え、企業の悪を告発することではないかと主張する。私は全く同感である。石牟礼さんは、そのようなコクハツなどNHKにおまかせなさい、それよりも、すなどりの美しさ悲しさを真に捉えなさいと説く。私は全く異存がない。無思想、無節操の極みをさらけ出して、私はただ右往左往した[12]

後に木村は、『苦海浄土』では、結果としてテーマ主義に陥ってしまい、告発調を完全に脱することができなかったと振り返っている[13]。『苦海浄土』に続く木村の番組作りは、ドキュメンタリーをこの公式的な呪縛から解き放っていくプロセスであったと言える。それにしても、なぜ木村は「テーマ主義」や「告発調」のドキュメンタリーをこれほどまでに嫌ったのだろうか。木村がこうした考えを持つようになったのは、ある番組の失敗がきっかけだったのではないか。

3　『筑豊の海原』の苦い経験

個人的な話で恐縮だが、かつて私は木村栄文の話を聞くために彼の自宅を何度か訪ねたことがある。その後、論文を書いて送ると、そのお返しに彼から一個の小包が届いた。なかには、木村がこれまでに

図3 『筑豊の海原』

作った作品の詳細なリストとともに、一本のビデオテープが入っていた。テープのラベルには『筑豊の海原　六七年（昭和四二年）作品』と書かれていた。どうやらそれは輝かしい木村の作品歴のなかに埋もれた初期の失敗作だったらしい。この番組こそ、その後の彼の制作の原点となった作品だったのではないかと思う。

木村が『坂本繁二郎の記録』（一九六六年二月一九日）に続いて制作した二本目の番組『筑豊の海原』（一九六七年三月二一日、図3）は、筑豊の福祉事務所で働く若いケースワーカーの自殺をテーマにしたドキュメンタリーである。当時、石炭から石油へと進むエネルギー革命は、筑豊に巨大な生活保護地帯を生んでいた。主人公の青年は、県庁に就職後、筑豊の福祉事務所に赴任させられ、生活保護者の自立促進という任務を課せられた。行政の末端として、自立促進（という名の生活保護打ち切り）と困窮者救済の板挟みに悩んだ末、青年は自殺したのではないか。番組はその真相を取材したものだった。

木村にしてみれば、『筑豊の海原』は一人のケースワーカーの自殺を通して、筑豊の惨状を訴えようとしたものだったかもしれない。しかし、この番組をいま改めて見直してみると、類型的で図式的な描写が目立つ。福祉事務所に集まる生活保護受給者を群衆として俯瞰で捉えたショット、ひっくり返った炭車や廃屋のモンタージュ、繰り返される悲しげな音楽は、「荒廃した筑豊」のイメージばかりを強調しており、生活保護者への偏見をかえって助長しかねない。

実際、木村にとって『筑豊の海原』は大きな悔いの残る作品だったようだ。「私のケースワーカーの番組『筑豊の海原』は散々の不評だった。取材に協力した福祉事務所には、組織の抗議デモがかけられた」という。また筑豊で作家として活躍した上野英信[14]を炭鉱住宅に訪ねたとき、『筑豊の海原』をコテンパンに批判されたというエピソードを、木村は後年になって告白している。

上野さんはこの企画に反対した。「生活圏をスクラップ化した加害者をそっちのけに、一人の死を感傷的に捕らえ、生活保護者への偏見を助長するような番組は賛成出来ない」と。上野さんは名著『追われゆく坑夫たち』の著者であり、この人の言葉は重みがあった[15]

ちなみに、このとき木村が上野の自宅で偶然に出会ったのがＮＨＫのディレクター、工藤敏樹[16]だったという。当時、工藤は炭坑画家の山本作兵衛を主人公にした名作『ある人生　ぼた山よ…』（一九六七年二月一八日）を制作していた。木村は『筑豊の海原』とほぼ同時期に筑豊を舞台にして作られたこの番組から大きな衝撃を受けたと述べている。

工藤さんの番組『ある人生〜ボタ山よ』は翌年二月に放送され、私は打ちのめされた。作兵衛さんの描いた画を中心に構成された番組だが、その画の数々は、作兵衛さんの人生と筑豊の歴史とを辿っていた。家庭に入ったカメラは、茶の間の一隅から夫婦の機微を凝視している。モノクロ・フィルムの淡い映像に記録された、ほのぼのとしたやりとりの味わい(17)

以後、工藤さんの仕事は心掛けて観た。人間への優しさ。抑制された情緒。柔軟なテーマ主義。そして技巧。工藤さんの仕事には、このひと独自の「署名」があった。いまどきは署名性とか作品性とか「幼い自我」にこだわらない分、没個性の番組が多い。私には工藤さんの番組が懐かしい。その懐かしさは、亡き上野さん、作兵衛さんとの苦い思い出と重なっている(18)

初期の『筑豊の海原』の苦い経験は、その後の木村のドキュメンタリー観、人間を見つめるまなざしに大きな影響を与えたことは間違いない。

4　モヤモヤを吹っ切った『まっくら』

木村栄文が『苦海浄土』を経て、再び筑豊に挑んだのが一九七三年一二月二七日に放送された『まっくら』(図4)である。もともとこの番組は、作家の森崎和江(19)の同名の著書『まっくら　女坑夫からの聞き書き』(一九六一年)に触発されて作られたものだった。木村はこの番組で、「荒廃した筑豊」「悲惨な筑豊」の描写から一転して、地底に生きた坑夫たちのエネルギーを生き生きと描き出そうとした。

図4　『まっくら』

ぼくがあの時期、ドキュメンタリー制作者としてのモヤモヤを吹っ切ったのは、四八年（一九七三年：引用者注）に作った『まっくら』という作品でした。これは早稲田小劇場の『劇的なるものⅡ』を見て気に入り、主宰者の鈴木忠志氏と語らってテレビ化を企画したものです。もともとぼくの発想は、早稲田の舞台を筑豊のボタ山を背景に再現したら、さぞ楽しかろうといった単純なもので、当時、各局が競って作った「筑豊もの」がミゼラブルなものばかりだったから、そうした告発調のドキュメンタリーを笑い飛ばすひと味違ったものを描きたいと思ってやったんです[20]

番組では、筑豊を紋切り型の質問でしか取材できないテレビ・リポーターが道化として繰り返し登場する。冒頭、木村自身が演じるリポーターが、筑豊のボタ山にヘリコプターで舞い降りる。そこにいた炭坑夫に、炭鉱の古い話を聞かせてほしいとマイクを突きつける。しかし思い通りの話が引き出せないとわかると、リポーターはインタビューを早々と打ち切り、再びヘリコプターで飛び去っていく。ボタ山にはヘリコプターの風圧で吹き飛ばされそうになる男がポッンと取り残される。

あるいは番組の中盤、川縁でヤマの女に炭鉱が閉山したことについて感想を求めるシーン（図5）。木村扮するリポーターはここでも女にマイクを突きつけ、毒にも薬にもならない質問をぶつける。そして、女に川へ豪快に突き落とされる。木村は、自分がなぜ突き落とされたのかさっぱり意味がわからず、びしょぬれのまま這い上がってきて女にくいさがる。そして再び、川底へと突き落とされる。

図5 『まっくら』（川縁でのインタビュー）

木村は『まっくら』で、閉山を前にした筑豊を陳腐な常套句でしか取材できなかった過去の自分（あるいは各局が競って作った「ミゼラブル」で「告発調」の「筑豊もの」）を、豪快に川に突き落とし、笑い飛ばそうとした。そして、全く独自のアプローチで、筑豊を描き出そうとした。番組を紹介した一九七三年一〇月一二日付の毎日新聞夕刊の記事で、木村はその意図を次のように述べている。「私自身が筑豊を生活感覚で知らない。活字や取材を通してではその表層をなでるくらいのことしかできない。（中略）思い切ってフィクションを使うことにした。賛否両論あるかもしれないが、私は全体を通して筑豊の猥歌（わいか）のようなものが聞こえてくるような感じが出れば、成功だと思っているのですが……」。

実際、このドキュメンタリーの主要な登場人物は、すべて俳優である。主役の炭坑夫に常田富士男、ヤマの女に早稲田小劇場の白石加代子、元女坑夫の老婆役にわかの筑紫美主子が起用された。老婆（筑紫）は活気あるヤマの暮らしを土地の言葉で語り、炭坑夫（常田）は炭鉱住宅の破れ家で、夜な夜なヤマのフィルムを上映して楽しんでいる。筑豊の化身となった女（白石）は地底深くで狂気を放って踊り狂う。『まっくら』は筑豊に生きた人々の情念の世界を虚構と現実が混沌となった形式で表現したドキュメンタリーだった。

放送が終わったら評判が悪くて、TBSはカンカンですよ。まともなルポルタージュの時間にアングラをやっているという認識でしたからね。で、ずいぶん叩かれました。まあ、若気のてらいというか、その点で恥ずかしいところもあるんですが、あの場合、ぼく自身、肉体的・生理的な部分でやってみたかった。個人的にはあれでずいぶん気持が吹っ切れました[21]

明治期以降、日本の近代化を地面の底から支えてきた筑豊炭鉱は、エネルギー政策の転換により、その一〇〇年の歴史に幕を閉じようとしていた。ガス爆発など凄惨な事故も多く、多くの命が奪われたが、それでもそこに暮らす人々にとって炭鉱は生きる力そのものだった。いま改めて見直してみると、『まっくら』には筑豊に生きた人たち、失われていくものたちへの愛が溢れ出しているように思われる。それはボタ山の頂上から逃げ出し、川に突き落とされたディレクター木村自身の、筑豊への哀悼を表現した私的なエッセイのような番組だった。

「ドキュメンタリーは自分の思いを描く創作である」——木村は『まっくら』によって、そのことを確信したように思われる。そして木村はいよいよ究極の自己表現にたどりつく。

5　プライベート・フィルムとしての『あいラブ優ちゃん』

『あいラブ優ちゃん』は、ぼくにとっては良くも悪くも忘れ難い作品ですね。障害児もので可愛く撮れたものがない、よし、それならおれが撮ろうということで始めたものですが、自分の娘を題材にするなんて露悪趣味とも言われかねません。愛嬌のある子供だから、そう不愉快な感じは与えないだろうと思って音作りから編集まで、非常にこまめに作りました。終わってみると本当にひとヤマ越したという気がしました(22)

一九七六年一一月三日に放送された『あいラブ優ちゃん』(図6)は、当時一〇歳になる知的障害者の長女・優を、木村が父親として一人称の語りで描いた番組である。番組には彼をはじめ、その家族が全員登場する。冒頭、木村自身による次のようなナレーションから番組ははじまる。

木村優ちゃんは貴乃花の大ファンです。

けど、まさか本物の貴乃花にこうして会えて、お相撲まで取れるとは、優ちゃんには思いもかけぬことでした。
この優は実は私の長女です。
そして精神薄弱児なんです。

ほのぼのとしたテーマ音楽にあわせてタイトルが流れた後、画面は、撮影スタッフを紹介し、それに続いて家族アルバムのように玄関先に一列に並んだ木村一家を映し出す。

ご紹介します。
この一〇年、私と一緒にフィルム番組を作ってきた仲間です。
そして私、RKB毎日放送のディレクター、四一歳。
女房の静子、三七歳。
優が一一歳。
そして、次女の愛、六歳と、長男坊主の慶、三歳です。

このあと番組は、木村自身が八ミリや一六ミリで撮りためたフィルム、あるいはスチール写真を交えながら、天真爛漫な愛娘との生活を描き出していく。

このようなスタイルからも明らかなとおり、この番組は、木村家のホームムービーの形を借りて作られた、木村自身のプライベート・フィルムであった。木村は、この番組で、重度の心身障害を抱えた娘を持つ父親として、「私」の目で見たものを撮り、「私」の言葉で語ろうとした（図7）。自己表現とし

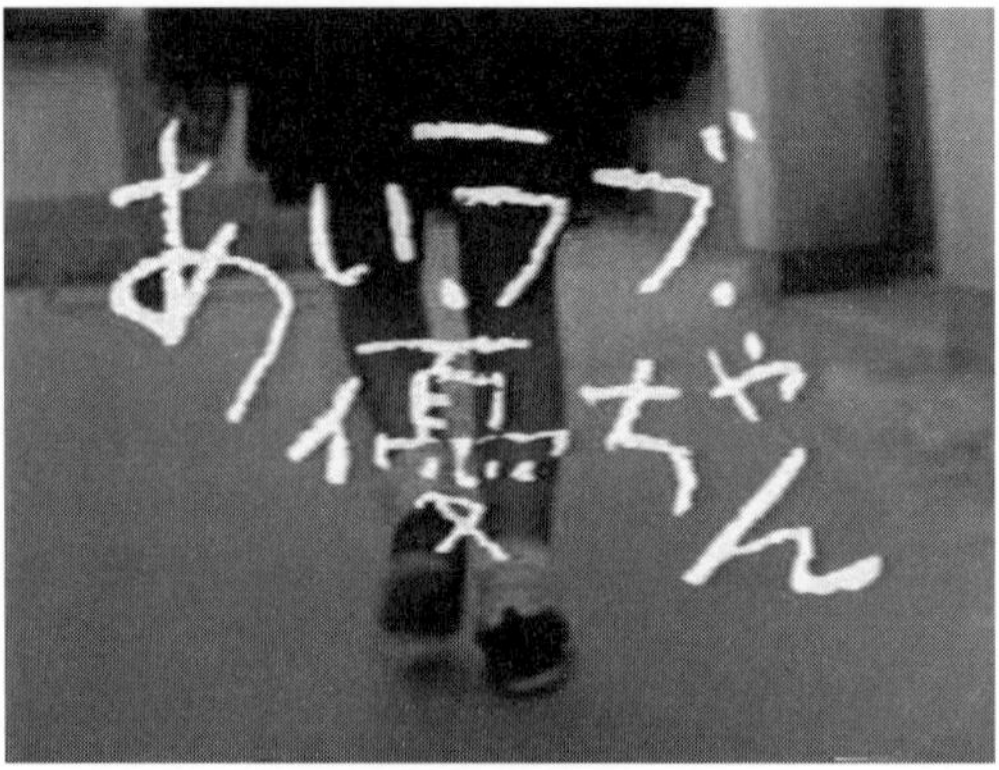

図6 『あいラブ優ちゃん』

てのドキュメンタリーを追求する木村の思いは、この番組で行きつくところまで行きついたと言える。

しかし、いくらテレビディレクターとは言え、自分の家族や私生活をテレビで放送するのは、自己陶酔や露悪趣味と批判されかねない。木村はそのような危険を侵してまで、どうしてこのような私的な番組を制作したのだろうか。NHK衛星第二で、一九九四年五月三日に放送された『テレビドキュメンタリー　木村栄文の世界』のインタビューのなかで、木村はこの番組の意図について次のように述べている。

> ひとつはその、障害児を抱えて街を歩くときに、僕なんかはあまり体験しなかったんですけど、女房なんかは、人目っていうのが鋭く刺さってくるんですね、その、子供と親子に対して。そのときに、キッとにらみ返していたみたいですけどね、女房なんかは。どっかで、あの、ぶっちゃけたいなという気持ちがあったんですよ、会社の同僚に対しても、視聴者に対しても。こんないい子なんだと。こんないい子なんですよっていうことを訴えたい。障害児の親ってのはみんな同じようなことを思って

図7 『あいラブ優ちゃん』（右が木村）

るんですよ。自分の子の様子はちょっとおかしいけど、ほんとうはとっても純情な、繊細ないい子なんだっていうことを。訴える手段が普通ないんですけど、幸いにして、その、RKBという局にいるもんですから、その手段を持ってるんですよね、自分に

木村は、周囲の人々の腫れ物にさわるような対応やよそよそしい視線がもたらす息苦しさを、自分の家族や私生活を公共の電波にさらけ出すことによって、「ぶっちゃけ」ようとした。『あいラブ優ちゃん』は障害児福祉の問題を社会に向けて告発するといった大義名分からではなく、木村の個人的な思いから作られた私小説的な番組だった。木村は言う。「企画書ではたしか、障害児福祉を天下に訴えたい、と吠えた記憶があるが、本音は別にあった。それは、自分の長女を描きたい、という欲求、正直に言えば恣意であった[23]」。

しかし、結果として『あいラブ優ちゃん』は、木村の個人的な感情を出発点にしたからこそ、障害児を抱えた親の多くが共有する思いを普遍的に描くことに成功したように思われる。この番組が放送された一九七〇年代半ばは、六〇年代に

高揚した政治運動や前衛的な芸術運動が急速に力を失い、人々の関心が私生活へと向かいはじめた「シラケの時代」だったと言われる。木村はそのような時代にあって、私生活のなかに抑圧された人々の細やかな感情を、プライベート・フィルムという方法を使って身をもってすくい出し、描き出そうとした。「公」の時代から「私」の時代へ。『あいラブ優ちゃん』はそうした時代の変化を象徴するようなドキュメンタリーだった。

6 美しくて、哀しいものを描きたい

まあ、とにかく、これまでぼくは、自分の好きな番組だけを作らせてもらってきたと思っています。選んだネタも、社会的に大きなテーマだからやるというより、自分がいまやりたいからやるというのが多いですね。よくドキュメンタリーは事実を描くといわれます。しかしぼくは、そうではなくて、自己表現だと思っています(24)

『苦海浄土』『まっくら』『あいラブ優ちゃん』など、七〇年代の代表作を中心に、木村栄文のドキュメンタリーの思想と方法について考えてきた。あるときはドキュメンタリーに俳優を起用し、あるときは自分自身の姿をさらけ出していく木村の番組づくりは、その一つひとつが、「ドキュメンタリーは自分の思いを描く創作である」ということを確かめ、世に問うていくプロセスだったように思われる。

ここではそのすべてを紹介することはできなかったが、木村が番組で取り上げたテーマは、公害、炭

図8　『祭りばやしが聞こえる』

鉱、障害、朝鮮、戦争など多岐にわたる。たとえば、内尾薬師という山寺に通う在日朝鮮人一世の老婦人たちを描いた『草の上の舞踏』（一九七八年一一月八日）をはじめ、『鳳仙花～近く遥かな歌声～』（一九八〇年一一月六日）や『ふりむけばアリラン峠』（一九八八年五月一四日）など、木村には韓国や朝鮮をテーマにした作品が多い。また『絵描きと戦争』（一九八一年九月一三日）、『記者それぞれの夏～紙面に映す日米戦争～』（一九九〇年一二月二五日）、『月白の道～戦場から帰った詩人～』（一九九七年一一月二日）など、戦争も木村がこだわったテーマのひとつだ。

しかし、木村の番組には、いわゆる「韓国・朝鮮もの」や「戦争もの」、いわゆる「障害者問題」や「公害問題」といった一般化や公式論は一切なかった。対象に即して、方法を練り上げる。あるいは、描写が先行して、主題があとから追いかけてくる。自分の言葉や思いを届けるために最もふさわしい方法と構成をその度ごとに編み出して、近代日本の社会や文化のあり方に対する自身の切実な問題関心を語り続けた。この一貫性は生涯、揺らぐことがなかった。[25]

ぼくは、相手に託して自分の気持を描きたいし、韓国・朝鮮のおばあちゃんたちの姿や言葉を通して、自分の気持、たとえば人が生きることの尊さとか、人間の哀しさのようなものを表現したいと、いつも思っているんです。で、臆面もなくインタビュアーのぼくが画面に登場するわけです。神の立場からではなく、おれが相手に問うているんだということをはっきりさせたい……そんな気持が自分の中にあるせいでしょうね(26)

もちろん、自分の思いを描くと言っても、木村が決して独り善がりなロマンチストでなかったことは明らかだ。彼は常に徹底した取材と準備を怠らなかった。たとえば、福岡日々新聞の記者、菊竹淳の生涯を描いた『記者ありき　六鼓・菊竹淳』（一九七七年一一月一〇日）では、一〇年以上にわたる調査、取材、資料収集を重ね、七〇〇ページ近い大部の研究書『六鼓菊竹淳　論説・手記・評伝』（葦書房、一九七五年）を出版している(27)。彼の番組は、こうした周到な取材・調査の上に成立していたことを忘れてはならないだろう。

こうした徹底した調査と深い洞察から生まれる人間描写は、決して一筋縄ではいかない重層的で、多面的なものだった。『飛べやオガチ』（一九七〇年九月二一日）や『いまは冬』（一九七二年六月一〇日）の熱狂的な主人公たちが見せるひたむきだが、ユーモラスな姿。『祭りばやしが聞こえる』（一九七五年一一月二二日、図8）に登場するテキ屋の人々の哀しみと歓び。『むかし男ありけり』（一九八四年八月二六日）や『桜吹雪のホームラン～証言・天才打者　大下弘～』（一九八九年六月二七日）で描かれた男たちの栄華と孤独。木村の番組には、人間の美しさ、哀しさ、そして可笑しさが、いつも溢れていた。

たとえば、『祭りばやしが聞こえる』を締めくくる次のようなラストコメントには、そんな木村の人間を見つめるまなざしが深く刻まれているように思う。

私はこの後も折に触れて祭りに出かけていくことでしょう。
そして感じ続けると思います。
家を飛び出してテキ屋になった若者の心や、
彼を按じている親御さんのことや、
雨の日のお年寄りのテキ屋さんの胸の内や、
老いるまで下積みで苦労するであろう人びとの人生についてなどを……

時代や社会に翻弄されながら、それでもなお精一杯に生きている人びとの、美しさ、哀しさ、可笑しさを描く人間讃歌。それこそが木村栄文が生涯にわたって作り続けたドキュメンタリーだった。

注

（1）一九三五（昭和一〇）年福岡市生まれ。一九五九年に西南学院大学商学部を卒業後、RKB毎日放送に入社。一九六六年にテレビ局テレビ演出部に異動し、ドキュメンタリー番組の制作活動を開始した。水俣を舞台に、石牟礼道子の同名小説を映像化した『苦海浄土』（一九七〇年）で芸術祭大賞を受賞し、脚光を浴びる。その後も、『まっくら』（一九七三年）、『鉛の霧』（一九七四年）、『あいラブ優ちゃん』（一九七六年）、『記者ありき　六鼓・菊竹淳』（一九七七年）、『鳳仙花〜近く遥かな歌声〜』（一九八〇年）、『むかし男ありけり』（一九八四年）、『ふりむけばアリラン峠』（一九八八年）など、多彩なテーマと自由奔放な作風で、数多くのドキュメンタリー番組を制作した。芸術祭賞、ギャラクシー賞、放送文化基金賞、日本民間放送連盟賞など、数多くのテレビ賞を受賞したことから「賞獲り男」と呼ばれた。また『窓をあけて九州』や『電撃黒潮隊』のプロデューサーとしてJNN九州の後進を育成した他、局の垣根を越えて「九州放送映像祭」を毎年開催するなど、地域の制作者たちにも広く影響を与えた。一九九四年には、NHK衛星第二で『木村栄文の世界』と題した特集が組まれた。個人として、芸術選奨文部科学大臣新人賞（一九七五年）、放送文化基金賞（一九八八年）、日本記者クラブ賞（一九九五年）、紫綬褒章（二〇〇二年）などを受賞。二〇〇三年にRKB毎日放送を退社。二〇一一年三月二二日、心不全のため逝去（享年七六歳）。没後の二〇一二年には、「公開講座　木村栄文レトロスペクティブ」と題して、大規模な回顧上映が東京・大阪・名古屋などで開催された。

（2）木村栄文「美しくて哀しいものを描いてきた。僕のドキュメンタリーはエッセイ風なんです」『放送文化』一九九八年四月号、六六頁。

（3）木村栄文「なぜヒューマン・ドキュメントなのか」『放送文化』一九七八年六月号、二三頁。

（4）同論文、二四―二五頁。

（5）一九三一年広島県生まれ。ラジオ東京（現在のTBS）入社後、報道一筋に歩んできた、TBSの看板ディレクターの一人。代表作に『魔の731部隊』（一九七五年）や『続・魔の731部隊』（一九七六年）などがある。『土曜どきゅめんと』シリーズの中心人物でもあった。二〇一六年死去。

（6）一九二九年生まれ。朝日放送の報道畑でドキュメンタリー番組の制作に従事。一九八八年に退社後、株式会社ドキュメンタリー工房を設立した。代表作にインドネシア残留日本兵を追跡した『ジャピンド』（一九六四年）などがある。二〇一九年死去。鈴木昭典については、東野真「制作者研究〈テレビ・ドキュメンタリーを創った人々〉第5回　鈴木昭典（朝日放送）～同時代史を検証し記録する～」（『放送研究と調査』二〇一二年七月号、八四―一〇〇頁）に詳しい。

（7）木村栄文「心に染みる番組を、『私の技芸』でつくって」『月刊民放』一九八五年六月号、四一頁。

（8）木村栄文「九州から、ドキュメンタリーの現在がどう見えるか？」『新放送文化』一九八八年、第九号、七頁。

（9）水俣市のある地元放送局、熊本放送が制作したドキュメンタリー番組『111～奇病15年のいま～』は、一九六九年に放送され、日本民間放送連盟賞最優秀賞を受賞した。木村は言う。「番組をロケの最中に見てショックを受けて、こんなのを前に作られたら僕たちの可能性はないなと思いましたね。これはすばらしいドキュメントで、チッソの重役連中が、テレビのこわさを知らないので、横着にそっくり返って証言するんです。自分たちの〝正義〟を。それが切実な漁民の姿に対して、笑い出したくなるほどひどいんです。この連中がやったんだなというのが、もろに出てるんです」(木村、前掲論文、一九九八年、六六頁)。

(10) 渡辺京二「石牟礼道子の世界」石牟礼道子『苦海浄土　わが水俣病』一九七二年、講談社文庫、三〇九頁。

(11) 岡本博「やらせとドキュメンタリー」『調査情報』一九七八年一月号、五四頁。

(12) 木村栄文「飛べやオガチ」『放送朝日』一九七四年六月号、三一―三二頁。

(13) 木村、前掲論文、一九八八年、七頁。

(14) 一九二三年山口県生まれ。旧満州・建国大学在学中に現役召集され、広島で被ばく。戦後京都大学を中退後、日炭高松炭鉱などで坑夫として働きながら文学活動し、一九五八年から谷川雁、森崎和江らと『サークル村』を発行。六四年資料館「筑豊文庫」を開設して炭鉱離職者、部落差別、朝鮮人問題等についてのルポ、記録に取り組む。主な著書に『追われゆく坑夫たち』『地の底の笑い話』(岩波新書)、『廃鉱譜』(筑摩書房)、『出ニッポン記』『眉屋私記』(潮出版社)、『写真万葉録・筑豊』(趙根在と共同監修・葦書房)など。一九八七年死去。

(15) 木村栄文『テレビは眠れない』「木村栄文 送る会」実行委員会、二〇一一年、一〇頁。

(16) 工藤敏樹については、是枝裕和「制作者研究〈テレビ・ドキュメンタリーを創った人々〉第2回 工藤敏樹(NHK)~語らない『作家』の語りを読み解く~」『放送研究と調査』二〇一二年三月号、八六―一〇〇頁に詳しい。

(17) 木村、前掲書、二〇一一年、一〇頁。

(18) 同書、一一頁。

(19) 一九二七年朝鮮大邱生まれ。詩人、作家。一九五〇年に丸山豊が主宰する詩誌『母音』に参加。一九五八年、筑豊の炭住街に移り住み、谷川雁、上野英信らと『サークル村』を創刊。その後、女性誌『無名通信』を刊行。

福岡を拠点に、民衆や女性の立場から、その内面や歴史を描き続ける。主な著書に『まっくら　女坑夫からの聞き書き』（理論社）、『ははのくにとの幻想婚』（現代思潮社）、『闘いとエロス』（三一書房）、『からゆきさん』（朝日新聞社）など。木村が信頼した作家の一人で、『まっくら』の他にも、『祭りばやしが聞こえる』『草の上の舞踏』など、木村の番組の構成を数多く手がけた。

(20) 木村栄文「ドキュメンタリーの喜怒哀楽」『キャリアガイダンス』一九九〇年一〇月号、五三―五四頁。

(21) 同論文、五四頁。

(22) 同論文、五四頁。

(23) 木村栄文「美しくて哀しい世界を描きたい」『放送批評』一九七九年九・一〇月号、一七頁。

(24) 木村、前掲論文、一九九〇年、五二頁。

(25) 藤久ミネ「類いまれな『映像作家』　木村栄文さんを悼む」『民間放送』二〇一一年五月二三日号。

(26) 木村、前掲論文、一九九〇年、五二頁。

(27) 藤久、前掲記事。

別表　木村がディレクターを務めた主なドキュメンタリー番組

1966年（31歳）	『坂本繁二郎の記録』		1966.02.19	モノクロ	45分	福岡県筑後の田園に隠棲した伝説の画家の1年間の記録。
1967年（32歳）	『筑豊の海原』		1967.03.21	モノクロ	45分	筑豊の福祉事務所で働いていた若いケースワーカーの自殺の真相を追う。
1970年（35歳）	『飛べやオガチ』		1970.09.21	モノクロ	60分	人力飛行機の製作に没頭する高校教師の記録。69年の『飛翔』を発展。ギャラクシー賞期間選奨。
	『苦海浄土』	●	1970.11.14	カラー	45分	水俣病患者とその家族を、俳優の北林谷栄扮する琵琶瞽女が訪ね歩く。原作は石牟礼道子。芸術祭大賞。
1972年（37歳）	『いまは冬』		1972.06.10	カラー	55分	無償の精神を表現した「地の塩の箱」。この運動の普及に半生を投じた詩人、江口榛一の生き方を追う。
1973年（38歳）	『まっくら』		1973.12.27	カラー	45分	消えゆく筑豊の炭鉱街を舞台に、虚構と現実がない交ぜになった混沌の世界を描く。構成は森崎和江。
1974年（39歳）	『鉛の霧』	●	1974.06.29	カラー	55分	小工場で発生した鉛中毒事件と、工場主の再建への努力を追う。放送文化基金賞本賞。民放連賞最優秀賞。
1975年（40歳）	『祭りばやしが聞こえる』	●	1975.11.22	カラー	63分	旅の露天商（テキ屋）の世界に密着し、厳しい稼業に生きる人びとの哀歓を描く。芸術祭優秀賞。
1976年（41歳）	『あいラブ優ちゃん』		1976.11.03	カラー	55分	木村の愛娘であり、先天的な知的障害をもつ「優ちゃん」を愛情たっぷりに描く。ギャラクシー賞大賞。
1977年（42歳）	『記者ありき　六鼓・菊竹淳』	●	1977.11.10	カラー	90分	反骨のジャーナリスト菊竹淳の生涯に、俳優の三國連太郎が迫る。放送文化基金賞番組賞。JCJ賞本賞。
1978年（43歳）	『草の上の舞踏』	●	1978.11.08	カラー	60分	山寺に集い、踊る在日一世の老婦人たちの生活、故郷への思いを描く。構成は森崎和江。芸術祭優秀賞。
1980年（45歳）	『鳳仙花～近く遥かな歌声～』		1980.11.06	カラー	90分	韓国の流行歌・歌謡曲から、そこに託された民族の心情、日韓の近現代史を紐解く。芸術祭大賞。
1981年（46歳）	『絵描きと戦争』	●	1981.09.13	カラー	90分	藤田嗣治と坂本繁二郎、戦争に翻弄された画家の運命に迫る。芸術祭優秀賞。放送文化基金賞番組賞。
1984年（49歳）	『むかし男ありけり』	●	1984.08.26	カラー	84分	作家檀一雄の晩年の足取り、哀愁と孤独を、俳優の高倉健が辿る。芸術祭優秀賞。ギャラクシー賞月間賞。

1986年(51歳)	『荒野に呼ばわる者～C・K・ドージャーの生涯～』	●	1986.10.07	カラー	54分	明治末期に来日し、福岡市に西南学院を創設した宣教師ドージャーの生涯を描く。民放連賞優秀賞。
1988年(53歳)	『ふりむけばアリラン峠』	●	1988.05.14	カラー	90分	売国奴と呼ばれた父をもつ夫妻の生活を軸に、日韓の歴史に翻弄された人びとを描く。民放連賞最優秀賞。
1989年(54歳)	『桜吹雪のホームラン～証言・天才打者　大下弘～』	●	1989.06.27	カラー	84分	西鉄ライオンズの名選手大下弘の、短く、華麗な生涯を描く。民放連賞最優秀賞。ギャラクシー賞奨励賞。
1990年(55歳)	『民教協スペシャル　ミズーリ艦上の孤独～紙面に映す日米戦争～』		1990.02.12	カラー	50分	太平洋戦争下の日米の紙面と記者たちの思いを辿る。その後『記者それぞれの夏』へと発展。
	『そりゃあそいばってん～筑紫美主子の舞台生活50年～』		1990.10.27	カラー	54分	佐賀にわかで活躍する筑紫美主子の半生と舞台生活を追う。JNNネットワーク協議会賞。
	『記者それぞれの夏～紙面に映す日米戦争～』	●	1990.12.25	カラー	95分	太平洋戦争下、日米2人の新聞人を中心に、ジャーナリストのあるべき姿を問う。文化庁芸術作品賞。
1992年(56歳)	『日出づる国の密使～明石元二郎とコンニ・シリヤクス～』	●	1992.01.04	カラー	114分	日露戦争の陰で、陸軍大佐とフィンランド人革命家が画策した武装蜂起計画をドラマ仕立てで描く。
1993年(58歳)	『島風は故郷の香り～韓国、障害者施設・愛光園～』		1993.05.29	カラー	54分	韓国巨済島にある障害児施設・愛光園と、その創立者である金任順の活動を描く。
1994年(59歳)	『ハリウッドの光のかげに～日系俳優マコの50年～』		1994.12.24	カラー	84分	ハリウッドで活躍する日系俳優マコ岩松の半生を辿る。放送文化基金賞番組賞。ギャラクシー賞奨励賞。
1997年(62歳)	『月白の道～戦場から帰った詩人～』		1997.11.02	カラー	84分	医師で詩人の丸山豊の戦記をドラマ仕立てで描く。放送文化基金賞番組賞。JNNネットワーク協議会賞。
1999年(64歳)	『物語を歩む　司馬遼太郎　故郷忘じがたく候』		1999.10.10	カラー	84分	400年続く薩摩焼の宗家、沈寿官の人生と故郷への思いを描く。原作は司馬遼太郎の短編歴史小説。

2001年（66歳）	『オールド・ディック』		2001.12.29	カラー	84分	木村が手がけた初のテレビドラマ。主演の三國連太郎を中心に老探偵の青春活劇が繰り広げられる。
2006年（71歳）	『絵かきの優さん』		2006.09.10	カラー	28分	2000年に亡くなった木村の愛娘の足跡を辿る私的ドキュメンタリー。『あいラブ優ちゃん』の続編。

＊『九州・福岡RKB放送史事典：RKB毎日放送50年記念』（RKB毎日放送、2001年）のほか、木村自身が作成した作品リスト、「公開講座　木村栄文レトロスペクティブ」のパンフレット（発行：RKB毎日放送・東風、2012年）、放送ライブラリーのデータベースなどをもとに作成した。
＊●と記された番組は、横浜市の放送ライブラリーで一般公開されている。

第7章　真夜中のジャーナリズム
――磯野恭子と『NNNドキュメント』

1　ドキュメンタリー冬の時代に

『NNNドキュメント』は日本テレビ系列の二九社が制作し、毎週日曜日の深夜に放送しているドキュメンタリー番組である。一九七〇年の放送開始以来、半世紀にわたって現代日本のあり方を問い続け、そこに生きる人々の姿を見つめてきた。その歴史は、民放の他のドキュメンタリー番組はもちろん、NHKの看板番組である『NHKスペシャル』（一九八九年―）や、その前身の『NHK特集』（一九七六―八九年）よりも長い。ちなみに日本テレビでは『キユーピー3分クッキング』（一九六三年―）、『笑点』（一九六六年―）に次ぐ三番目の長寿番組でもある。

番組がスタートしたのは一九七〇年一月。日曜日の二三時四五分から放送された。まだ夜間営業するコンビニもなかった時代である。その当時、二三時台はまぎれもなく深夜だった。その後、テレビの放送時間が延びるにつれて、番組の開始時刻はしだいに遅くなったが、『NNNドキュメント』は現在まで日曜日の深夜に放送を続けている。一日のニュースが終わり、日付が変わろうとする頃にようやく放送がはじまる『NNNドキュメント』は、深夜のドキュメンタリー番組の代表格と言っていいだろう

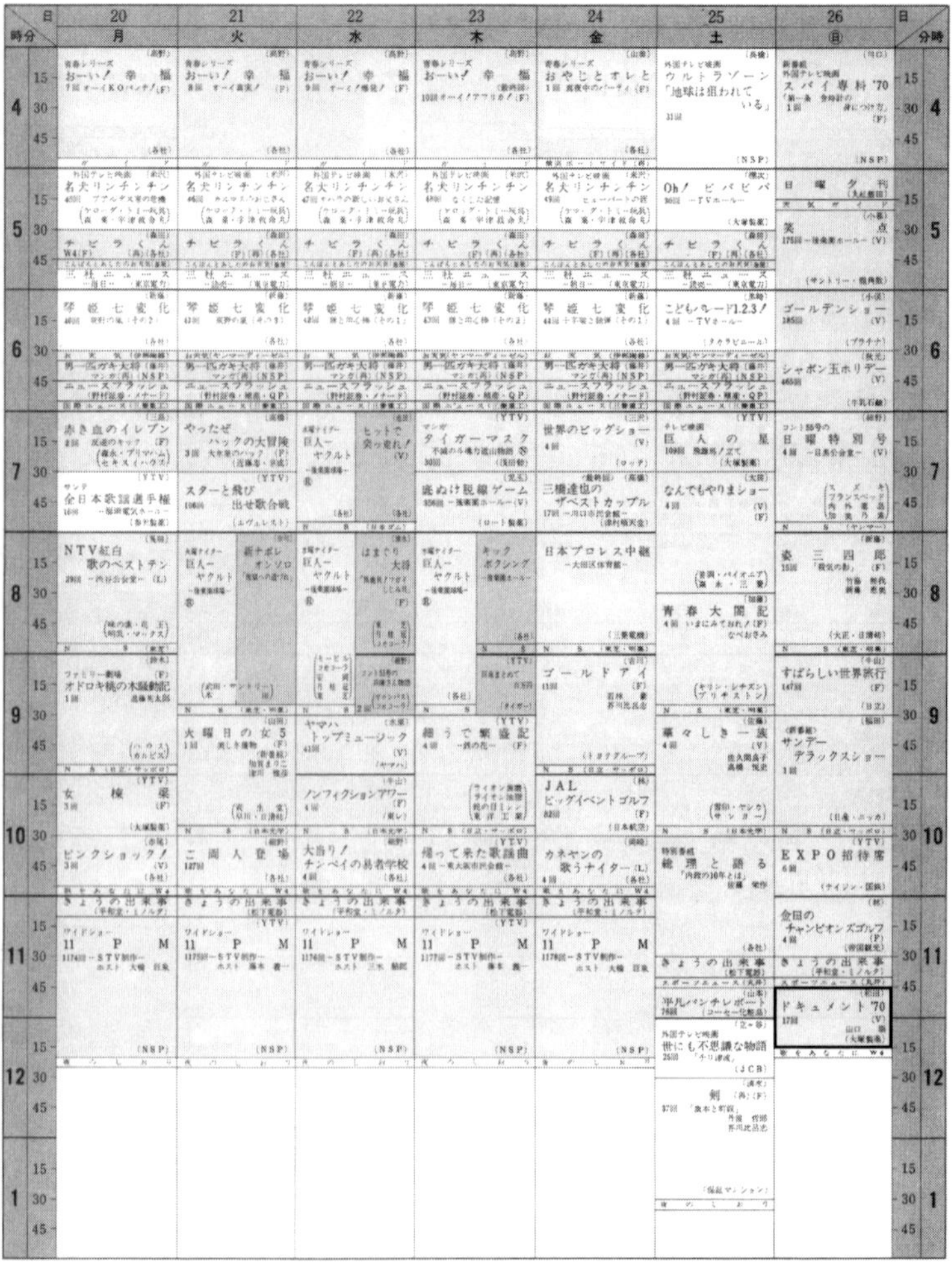

時	20 月	21 火	22 水	23 木	24 金	25 土	26 日
4	青春シリーズ おーい！幸福	青春シリーズ おーい！幸福	青春シリーズ おーい！幸福	青春シリーズ おーい！幸福	青春シリーズ おやじとオレと	外国テレビ映画 ウルトラゾーン「地球は狙われている」	新番組 外国テレビ映画 スパイ専科'70
5	名犬リンチンチン / チビラくん / 三社ニュース	名犬リンチンチン / チビラくん / 三社ニュース	名犬リンチンチン / チビラくん / 三社ニュース	名犬リンチンチン / チビラくん / 三社ニュース	名犬リンチンチン / チビラくん / 三社ニュース	Oh！ビバビバ / チビラくん / 三社ニュース	日曜夕刊 / 笑点
6	琴姫七変化 / 男一匹ガキ大将 / ニュースフラッシュ	琴姫七変化 / 男一匹ガキ大将 / ニュースフラッシュ	琴姫七変化 / 男一匹ガキ大将 / ニュースフラッシュ	琴姫七変化 / 男一匹ガキ大将 / ニュースフラッシュ	琴姫七変化 / 男一匹ガキ大将 / ニュースフラッシュ	こどもパレード1.2.3！ / 男一匹ガキ大将 / ニュースフラッシュ	ゴールデンショー / シャボン玉ホリデー
7	赤き血のイレブン / 全日本歌謡選手権	やったぜ ハックの大冒険 / スターと飛び出せ歌合戦	水曜ナイター 巨人―ヤクルト / ヒットで突っ走れ！	タイガーマスク / 底ぬけ脱線ゲーム	世界のビッグショー / 三橋達也のザ・ベストカップル	巨人の星 / なんでもやりまショー	日曜特別号
8	NTV紅白歌のベストテン	巨人―ヤクルト / 新ナポレオン・ソロ	巨人―ヤクルト / はまぐり大将	巨人―ヤクルト / キックボクシング	日本プロレス中継	青春大関記	姿三四郎
9	ファミリー劇場 オドロキ桃の木騒動記	火曜日の女5	ヤマハ トップミュージック	細うで繁盛記	ゴールドアイ	華々しき一族	すばらしい世界旅行 / サンデーデラックスショー
10	女検事 / ピンクショック！	こんな人登場	ノンフィクションアワー / 大当り！チンペイの易者学校	帰って来た歌謡曲	JAL ビッグイベントゴルフ / カネヤンの歌うナイター	特別番組 総理と語る「内政の10年とは」	EXPO招待席
11	きょうの出来事 / 11PM	きょうの出来事 / 11PM	きょうの出来事 / 11PM	きょうの出来事 / 11PM	きょうの出来事 / 11PM	きょうの出来事 / 平凡パンチレポート	金田のチャンピオンズゴルフ / きょうの出来事 / ドキュメント'70
12						世にも不思議な物語 / 剣	

図1　日本テレビ週間番組表　1970年4月20日（月）〜26日（日）①

1970年の放送開始以来、『NNNドキュメント』は1週間の最後、日曜日の深夜に放送されてきた（囲みは筆者）

（図1）。

テレビの歴史は不毛の時間帯の開拓と挑戦の歴史だった。平日午前の生ワイドショーの草分けと言われる『モーニングショー』（NET、一九六四―九三年）、硬軟とりまぜた深夜番組の元祖となった『11PM』（日本テレビ、一九六五―九〇年）など、テレビはその放送時間帯に合わせて、新たな文化やジャーナリズムの形を作り出してきた。[2] メディア学者の後藤和彦も指摘したように、テレビ番組のあり方はその編成と切り離すことはできない[3]。

『NNNドキュメント』もまた、日曜日の深夜という時間帯だからできるジャーナリズムの形を半世紀にわたって模索し、追求してきた。日々のニュースで見落とされがちな問題に独自の視点で迫る番組。事件・出来事の背景や構造を深く掘り下げる番組。埋もれた人々の声をすくい上げ、鋭く社会に問いかける番組。長期取材で人々の人生にじっくりと寄り添う番組。日曜日の最後に放送される『NNNドキュメント』は、朝昼のワイドショーとも夜のニュースとも異なる、深夜ならではのテレビ・ジャーナリズムを作り上げてきた。

民放では一九七〇年代以降、『NNNドキュメント』と同様に、数多くのドキュメンタリー番組が深夜に放送されるようになった。『土曜どきゅめんと』（TBS、一九七八―八〇年）、『映像』（毎日放送、一九八〇年―）、『NONFIX』（フジテレビ、一九八九年―）、『テレメンタリー』（テレビ朝日、一九九二年―）、『FNSドキュメンタリー大賞』（フジテレビ、一九九二年―）、『報道の魂』（TBS、二〇〇三―一七年）、『ザ・フォーカス』（TBS、二〇一七年―）などはその代表例である。

ドキュメンタリー番組の深夜放送への移行をテレビ・ジャーナリズムの後退と嘆く声もあった。『聞こえるよ 母さんの声が… ～原爆の子・百合子～』（一九七九年三月一一日）で芸術祭大賞を受賞した山口放送のディレクター・磯野恭子は、一九八七年の時点で、次のように述べている。

「面白くなければテレビではない」と言われ続け、明るく、楽しくをモットーに制作される現状の中で、硬派のテレビドキュメンタリーが復権する道は遠い。テレビの本放送がはじまって三〇年余りになる。テレビドキュメンタリーが民放界で精彩を放っていたのはいつ頃だったろうか。『あなたは…』、『ベトナム海兵大隊戦記』、『ハノイ・田英夫の証言』、『子どもたちは七つの海を越えた』。これらの作品を制作した優れたドキュメンタリストは次々に職場配転になり、社を辞めていったのは一九六〇年代の後半だった。以後民放界にあってドキュメンタリーも長い冬の時代を迎える(4)

もちろん、その背景に政治からの様々な圧力、商業主義や視聴率競争の影響があったことは否定できない。しかし、『NNNドキュメント』をはじめとする深夜のドキュメンタリー番組を、こうした「冬の時代」に対抗する新たなテレビ・ジャーナリズムの開拓と挑戦の歴史として再評価することもできるのではないか。夜の遅い時間帯からエッジの効いた「深夜バラエティ」や「深夜ドラマ」が数多く生まれたように、真夜中に放送されるドキュメンタリー番組を、意欲的な「深夜ジャーナリズム」の試みとして捉え直すこともできるはずだ。

日曜日の深夜にこつこつと放送を積み重ねてきた『NNNドキュメント』は、「深夜ジャーナリズム」の世界をいち早く開拓し、牽引してきた。その放送回数は優に二五〇〇回を超える。『NNNドキュメント』はこれまでどんな番組を作り出してきたのか。テレビ・ジャーナリズムの可能性をどのように切り開いてきたのか。以下では、その半世紀にわたる歴史を振り返りながら考えてみたい。

2　ポスト成長期の自画像

「激動の七〇年代を開く」。『NNNドキュメント』はこの言葉をキャッチフレーズに掲げてスタートした。第一回の放送では『シリーズ70年代への潮流① 岸．池田．佐藤 〜安保から安保へ〜』（一九七〇年一月四日）と題して、一九六〇年代の歴代総理の発言録を総括した。次いで沖縄の本土復帰や大阪万博の開催を控えて『シリーズ復帰への苦悩』（一九七〇年二月八日―、全三回）、『シリーズEXPO'70』（一九七〇年三月八日―、全三回）などを特集した。全国各地でクローズアップされた公害問題などもシリーズで取り上げた。

当初は日本テレビの単独制作で、現在のようなドキュメンタリー形式ではなく、キャスター（番組リーダー）が出演するスタジオ形式の番組だった。タイトルも単に『ドキュメント'70』『ドキュメント'71』などと呼ばれた。現在のようなドキュメンタリー形式になったのは一九七三年からである。一九七四年からは日本テレビ系列のNNN（日本ニュースネットワーク）各社が参加する共同制作番組となり、タイトルに「NNN」を冠するようになった(5)。

『NNNドキュメント』が放送を開始した一九七〇年代は、戦後日本の大きな転換点だった。高度経済成長は大阪万博で最高潮に達し、やがて終焉した。「一億総中流」と呼ばれる豊かな社会を実現した日本は、効率化や省エネ化で二度のオイルショックを乗り越え、一九八〇年代には「ジャパン・アズ・ナンバーワン」と称揚される経済大国になった。一方で、公害や環境汚染、過疎化や新たな開発、沖縄の基地負担、原発建設をめぐる対立、女性や障害者によるマイノリティ運動の高揚など、豊かな社会の軋みや亀裂も全国各地で次々に露わになった。豊かさの陰に覆い隠されていたが、現代社会につながる問題はすでにこの時期から噴出しはじめていた。

一九九〇年代になると、冷戦の終結、バブル経済の崩壊で、日本は「失われた二〇年」とも「失われた三〇年」とも呼ばれる長い低迷期に突入する。政治改革と政界再編により、戦後の経済発展と富の再分配の基盤となってきた五五年体制が幕を下ろした。グローバル化と新自由主義（民営化・規制緩和）が台頭し、非正規雇用が拡大、貧困・格差の固定化が進行した。少子高齢化による地方の疲弊も進んだ。冷戦による封印が解かれ、アジアから戦争責任を問う声も高まった。自衛隊の海外派遣など、新たな国際貢献も求められるようになった。東日本大震災とそれに続く原発事故は戦後の豊かな社会を根底から揺さぶった。

こうして一九七〇年代以降、日本はポスト高度経済成長期の自らの形を探し求めて長い迷走を続けてきた。結果的に『NNNドキュメント』は、この困難な時代をカメラとマイクでつぶさに記録することとなった。社会学者の吉見俊哉は戦後日本を二五年単位で三つに区切り、「復興と成長の二五年」（一九四五―七〇年）、「豊かさと安定の二五年」（一九七〇―九五年）、「衰退と不安の二五年」（一九九五―二〇二〇年）と呼ぶ。[6]『NNNドキュメント』の半世紀は、成長が終わり、豊かさから衰退へ、安定から不安へと転落していくこの五〇年間の日本社会の歩みにぴったりと重なり合う。その膨大な記録は「ポスト成長期の自画像」と呼べるものだ。

たとえば『ネットカフェ難民　漂流する貧困者たち』（二〇〇七年一月二八日）は、現代日本に広がる新たな貧困の実態を明らかにし、大きな反響を巻き起こした。[7]当時、家賃を払えずにネットカフェや漫画喫茶で寝泊まりする若者が急増していた。社会から孤立し、貧困の連鎖から抜け出せなくなっている若者を独自に取材したこの番組は、人々に大きな衝撃を与えた。この番組から生まれた「ネットカフェ難民」という言葉は、現代の格差社会を象徴する言葉として、その年の流行語大賞にも選ばれた。その後も、シリーズとして放送が続けられ、二〇〇〇年代の『NNNドキュメント』を代表する番組のひとつとなった。

この番組のディレクターを務めた水島宏明は、長年にわたって貧困報道に取り組んできたことで知られる。水島が貧困というテーマを追うようになったのは、彼が札幌テレビに勤務していた頃に初めて制作した『母さんが死んだ　生活保護の周辺』（一九八七年一〇月一一日）がきっかけだった。札幌の市営アパートで母子家庭の母親が餓死する事件が起こった。水島はこの事件を取材する過程で、「世界一の金持ち国」「飽食の時代」と呼ばれる繁栄の裏側で、福祉の切り捨てが進む日本社会の実態をいち早く明らかにしていった。この優れた調査報道をいま改めて見直してみると、現代日本の格差の拡大は、すでに一九八〇年代から水面下で進行していたことがわかる。水島は言う。

この取材を通して、わたしは日本社会が「豊か」などころか、虚飾の布切れ一枚の裏側で、ジワジワと見えにくい「貧困」が進んでいることを思い知らされた。東京一極集中によって疲弊し沈下した地方の貧しさ。構造不況による倒産・失業。（とくに女性の）パート労働の低賃金——。これらと決して無縁ではない、人々の過重労働・病気・離婚・低学歴・サラ金苦……。いろいろに絡み合った貧しさのなかで、身動きできずにいる人びとが増えている(8)

前述したように、一九七〇年代以降、ドキュメンタリー番組は次々に深夜放送に移行し、停滞したと言われる。しかし『NNNドキュメント』は深夜放送であることを逆手に取り、自由闊達な番組作りを続けてきた。豊かさと安定の裏側で広がり、衰退と不安のなかで露わになる現代日本の様々な問題を、真正面から描き出してきた。一九七〇年代以降の日本をこれだけの量と質で継続して記録し続けたテレビ番組は他にない。それは現代日本の姿を映し出す「鏡」であり、「ポスト成長期の自画像」と呼ぶにふさわしい。

3 鳥瞰図よりも虫瞰図

『NNNドキュメント』のもうひとつの特徴として、その「虫瞰図」的な視点が挙げられる。確かに『NNNドキュメント』は現代日本が直面する様々な課題を記録し、世のなかに問い続けてきた。しかし、テーマだけを大上段に訴えかけるような社会派ドキュメンタリー番組とは明確に一線を画してきた。むしろ、市井に生きる無名の人々の姿を通して、その背後に浮かび上がる問題や構造に迫るアプローチこそ、『NNNドキュメント』の真骨頂と言えるだろう。一九八三年から九八年まで『NNNドキュメント』のプロデューサーを務めた菊池浩祐は次のように語る。

『ドキュメント』のスタッフは、大所高所から何かを論ずるという手法はあまり好まず、社会の片隅をじっと見つめるなかで、時代や状況を考えるという手法を好む。鳥瞰図よりも虫瞰図。人間的視点を大切にしているといってもよい。このあたりが『ドキュメント』らしさを生んでいるともいえるだろう(9)

菊池によれば『NNNドキュメント』の源流には、一九六〇年代に日本テレビで放送された二つの番組があった[10]。第一は『ニュース・クローズアップ』（一九六三―六五年）である。この番組は文字通り、視聴者の関心を集めたニュースの背景を掘り下げて、その問題点をあぶり出すニュース・ドキュメントだった。一九六五年五月に発生した北海道帯広空港での旅客機片足着陸事故の放送では、テレビ番組として初の新聞協会賞を受賞した[11]。

第二は民放初の本格的なドキュメンタリー番組『ノンフィクション劇場』（一九六二―六八年）の系譜である。牛山純一が率いた『ノンフィクション劇場』は、無名の人々の人生のドラマを描く人間ドキュメンタリーとして、『老人と鷹』『忘れられた皇軍』『ベトナム海兵大隊戦記』など、テレビ史に残る多くの名作・話題作を生み出した。また制作者の作家性を強く打ち出したことでも知られる。『明日をつかめ！貴くん』（一九七五年六月二九日）の池松俊雄、沖縄にこだわり続けた森口豁ら、後に『NNNドキュメント』で活躍する多くの制作者がこの番組から育った[12]。

こうしてニュース・ドキュメントと人間ドキュメントという二つの異なる系譜が合流するなかで、『NNNドキュメント』独自の「人間くさいドキュメンタリー」の性格が確立されていった[13]。それは、同時代のもうひとつの代表的なドキュメンタリー番組である『NHK特集』（一九七六―八九年）や『NHKスペシャル』（一九八九年―）が、プロジェクト・チーム方式で大規模な情報収集や取材を行い、大型テーマの番組を次々に打ち出していったのとは対照的だった。

中京テレビ（愛知）で『マリーサの場合』（一九九二年四月一九日）、『見過ごされたシグナル　検証・高速道路トラック事故』（二〇〇四年六月二七日）、『消える産声　産科病棟で何が起きているのか』（二〇〇六年九月二四日）など、数多くの優れた番組を手がけた大脇三千代は、次のように述べる。

わたしは、ひとりの人間の生き方から描きはじめ、その個を見つめることによって普遍的な問題提起につなげることにこだわってきました。それが一番自分の性格や力量にあっていたんだろうと思います。事件や事故の陰にある一人ひとりの人生や小さな喜びや哀しみ、弱さや強さ、ささやかな願いがあるささやかな日常にしっかりと視座を置くことで、ものごとの本質に近づけるのではないかと思ってきました[14]

大脇の言葉は、歴代の制作者に脈々と受け継がれてきた『NNNドキュメント』の制作姿勢をはっきりと物語っている。彼女もまた、日々の暮らしに悪戦苦闘する人々の姿を通して、外国人労働者の人権、規制緩和による運送業界の疲弊、地方の産科医不足など、その背後に広がる日本社会の構造的な問題に光をあててきた。「鳥瞰図よりも虫瞰図」という言葉通り、『NNNドキュメント』は、現代社会の片隅に生きる一人ひとりの人間の姿、取り残された人々の声を、地面を這うようにして記録してきた。情報やデータが幅を利かせる現代にあって、その一貫した理念と姿勢はますます重要なものとなっている。

4　女性ディレクターの草分け、磯野恭子

こうした『NNNドキュメント』の人間重視の姿勢を体現する制作者の一人が、前述した山口放送の磯野恭子である。磯野は一九五九年に山口放送に入社。アナウンサーからディレクターになり、一九七

図2　『聞こえるよ母さんの声が…　～原爆の子・百合子～』

〇年代から八〇年代にかけて、数多くの優れたドキュメンタリーを世に送り出した制作者だ。一九八八年には民放の女性社員として初めて取締役に就任。ローカル局の作り手として、また女性ディレクターの草分けとして、テレビ・ドキュメンタリーの一時代を築いた。

　彼女の名を一躍有名にしたのは『聞こえるよ母さんの声が…　～原爆の子・百合子～』（一九七九年三月一一日、図2）である。主人公は母親の胎内で被爆し、原爆小頭症を患う畠中百合子。同じく原爆症の兆候に苦しむ母親の敬恵。四畳半の小さな理髪店を営む父親の国三。一家が住む山口県岩国市は、戦闘機の爆音が響きわたる基地の街である。米軍が駐留するこの街では、ヒロシマへの関心も薄く、被爆者は長く沈黙を強いられてきた。畠中家もその片隅でひっそりと暮らしてきた。この番組には、弱者の声なき声に耳を傾ける磯野の姿勢がすでにはっきりと表れている。

　不思議なことだが、磯野が作る番組はどれも、人間の強さや美しさが印象に残るものばかりだ。たとえば『聞こえるよ母さんの声が…』というタイトルのきっかけになったシーンがある。知的障害を抱え、普段はほとんど言葉を発しない百合子が、母親の敬恵の死後、なぜか墓参りに行こうと言い出す。お墓に着いた百合子は突然、「ミミ、ミミ」と言って、母親の墓石に耳を押し当て、その声を聞き取ろうとしはじめるのだ。百合子がにっこり笑う。それは、百合子の言葉にならない思いが伝わってくる、奇跡のような瞬間だ。磯野は言う。

生きる上での挫折や絶望、死や別れなど、人生に漂う多くの虚無感に打ちひしがれながらも、人間は滅びることなく蘇っていく。あるいは、むかし主人公たちの胸の底に澱のように淀んでいった言葉が突然白日のもとに引き出されるとき、過去から現代へと歴史は一瞬、命の鼓動を伝える。そんなとき、私の中でいくつかのイメージが膨らむ。人生というドラマの静けさ、激しさ、美しさ、哀しさ……、それらのトーンがレンズの向こう側に映し出されていく予感があるとき、まさに一つの番組がスタートするのだ[15]

こうして磯野は、日本という国家や戦争の歴史を、そこに交わった一人の人間をクローズアップする手法によって描き出そうとした。歴史に翻弄されながら、過酷な運命を懸命に生きる人々の姿を追いかけ、人生という一回性のドラマを記録し続けた。

『ある執念　～開くか再審の道～』（一九七六年六月一三日）では、冤罪を晴らすために無実を叫び続ける父と娘の闘いに密着した。『死者たちの遺言　～回天に散った学徒兵の軌跡～』（一九八四年八月一九日）や『８０００枚の写真から』（一九八五年四月二一日）では、太平洋戦争に出征した兵士とその遺族の記憶を掘り起こした。『生きて生きて一九年　～カネミ油症事件～』（一九八七年七月一二日）では、食品公害に苦しみながら闘う患者たちの姿に迫った。『チチの国ハハの国　～ある韓国人女性の帰国～』（一九

図3　『いま松花江に生きる　～中国残留婦人～』

八六年五月一一日)、『海鳴りのうた　～朝鮮半島から来た炭鉱夫たち～』(一九九一年三月一七日)では、戦時中に日本で働かされた朝鮮半島の人々の歴史を見つめた。磯野にとって、それらの一つひとつが人間の尊厳を勝ち取るための闘いだった。

> ドキュメンタリーとは、人間が生きるための闘いであり、それは時に不毛な闘いにも見える。崩されては積み上げるような不確かな時の流れ、そこに漂う人間を記録し、問う、という闘いなのだ。現代のコミュニケーションの状況下で、ドキュメンタリーがはたして平和の武器となりうるかは疑問であるが、私は一筋の心の炎をその生き方に賭ける[16]

磯野が後年に手掛けたテーマも、『祖国へのはるかな旅～ある中国残留婦人の帰国～』(民教協スペシャルとして放送、一九八七年六月二六日)、『いま松花江に生きる　～中国残留婦人～』(一九八七年一二月二〇日、図3)、『大地は知っている～中国へ残された婦人たち～』(一九九二年一月二六日)など、国家と戦争に翻弄された中国残留婦人だった。磯野は自ら身元引受人となって、彼女たちの一時帰国を実現させた。さらに国を動かし、永住帰国への道を開いた。最後まで人間の尊厳のために闘い続けたテレビ人だった。

5　ローカル発、全国へ

『NNNドキュメント』の特徴として、もうひとつ忘れてはならないのが、その「脱中央志向」である。日本テレビ系列各社の共同制作番組である『NNNドキュメント』では、磯野に限らず、北は北海道から南は九州・沖縄まで、全国各地の制作者が息の長い取材を続け、地域の課題にじっくりと向き合ってきた。地域に固有の課題を深く掘り下げていくと、現代社会の普遍的なテーマにぶつかることがある。開発と公害、過疎と少子高齢化、貧困と格差など、地域こそが現代社会の諸問題が真っ先に現れる最先端の現場だからだ。『NNNドキュメント』は、それぞれの地域が抱える課題を長期シリーズや継続的取材で追いかけ、全国に発信してきた。

「核」か「過疎」か。原発をめぐって追い詰められる地域社会を見つめ続けたのが、札幌テレビと青森放送である。札幌テレビ放送の片野弘一は『過疎が怖いか　～幌延町・核のゴミ騒動～』(一九八六年二月一六日)以降、原発から出る高レベル放射性廃棄物処理施設の誘致をめぐって揺れる過疎の町を定点観測してきた。青森放送の木村昱介・黒滝久可らは『核・まいね　～揺れる原子力半島～』(一九八八年七月三一日)を皮切りに、青森県下北半島六ヶ所村の核燃料サイクル基地建設に「核はいらない」と声を上げる地域住民の姿をシリーズで伝えた。この他にも高知放送の『ドキュメント　窪川原発の審判』(一九八一年九月六日）、福島中央テレビの『ガリバーの棲む街　～地域と原発の27年～』（一九九八年三月一日）など、原発の受け入れをめぐって苦悩する地域の姿を描いた番組は多い。

米作りの「モデル農村」とされた秋田県大潟村の紆余曲折を四〇年にわたって記録したのは秋田放送である。大潟村は、戦後の食料不足を補うために一九六四年に誕生した。希望を抱いて入植した開拓民たちは、その後一転して、減反政策、転作、米の輸入自由化、減反政策の撤廃と、国の農業政策に弄ばれてきた。『夢は刈られて　大潟村・モデル農村の40年』（二〇一一年二月一三日）は、秋田放送の築地操、石黒修、石川岳が、国策に翻弄される大潟村の農民たちを見つめ続けた記録の集大成である。

東日本大震災についても、『NNNドキュメント』は数多くの番組を制作してきた。テレビ岩手、宮城テレビ、福島中央テレビは『それでも生きる　大震災…終わらない日々』（二〇一一年四月二四日）以来、被災者の深い喪失感、生活再建への希望と不安、原発避難をめぐって分断される故郷、風化する震災の記憶、復興の遅れや困難など、地域社会が抱える課題を様々な角度から伝え続けてきた。震災直後に始まった『3・11大震災シリーズ』は、二〇一九年三月末時点ですでに八八回の放送を数えている。

公害も『NNNドキュメント』が力を入れてきたテーマのひとつである。北日本放送（富山）の向井嘉之は『公害は死んだのか　小松みよの30年』（一九八二年七月一二日）で、イタイイタイ病の歴史が終わっていないことを伝えた。[17]熊本県民テレビの武居信介は『いきてそしてうったえて　～水俣からベト君ドク君へ～』（一九八八年一月一〇日）、『アマゾンに水俣を見た　～地球サミットのなかで～』（一九九二年六月二八日）など、グローバルな視野から水俣病を捉え直していった。

中京テレビの樋口由紀雄・大脇三千代らは、経済大国化した日本とアジアの関係を見つめ直す番組を数多く制作してきた。[18]「ジャパゆきさん」と呼ばれるアジアの女性たちとその後を追跡した『いで湯のロリータ』（一九八四年七月二二日）、『マリーサの場合』（一九九二年四月一九日）、『おかしいぞ！ニッポン　ニッポンが見捨てた子どもたち』（一九九五年一月二九日）、日本の介護を担うようになったフィリピン人女性たちを取材した『フィリピーナにおまかせ　日本の介護事情』（二〇〇五年九月四日）などがその好例だ。また安川克巳は『マザーズ　「特別養子縁組」母たちの選択』（二〇一二年三月二五日）シリーズで子供と女性の福祉を問い続けてきた。

地元で起こった事件や事故の陰で取り残された犯罪被害者・遺族たちに光をあてた番組群もある。テレビ信州（長野）の平坂雄二・征矢野泉による『妻に語りかけた14年　松本サリン事件が終わった日』（二〇〇八年一〇月一九日）は、冤罪の被害にあった河野義行の辿った過酷な日々を追う。また読売テレビ（大阪）の堀川雅子は『生きる力　～神戸小学生殺傷事件遺族は～』（一九九八年六月二八日）、『犯罪被害　～無念の果て・遺族の闘い～』（二〇〇〇年三月一二日）など、犯罪被害者をテーマにした報道に精力的に取り組んできた。

日本海テレビ（鳥取）の福本俊が手がけた『てっぽんかっぽん物語　―大谷分校の一年―』（一九七八年四月九日）は、偏差値教育や詰め込み教育による教育の荒廃が叫ばれるなか、山陰の山奥の過疎の村を舞台に、教育の原点を見つめ直そうとしたシリーズだ[19]。この他にもテレビ金沢の中崎清栄による『笑って死ねる病院』（二〇〇八年六月二九日）、四国放送（徳島）の芝田和寿による『老人ホームの恋』（二〇一〇年二月二八日）、福井放送の岩本千尋による『土からのごほうび　合併にNO！と言った町』（二〇一三年八月二五日）など、過疎や高齢化を背景に地域の人々の暮らしや生き方を描いた番組は多い。

戦争や平和について考える番組も数多く放送してきた。山形放送は『セピア色の証言　―張作霖爆殺事件　秘匿写真―』（一九八六年八月一〇日）、『ある戦犯の謝罪　～土屋元憲兵少尉と中国～』（一九九〇年八月一九日）など、地元に眠る戦争の記憶を丹念に掘り起こしてきた。広島テレビは、佐藤伊佐雄の『戦争を知っているか～1～　原爆資料館』（一九八〇年八月三日）をはじめ、被爆体験を後世に語り継ぐ番組を、様々な角度から毎年継続的に制作してきた。[20]　南海放送（愛媛）の伊東英朗は『わしも死の海におった　～証言・もう一つのビキニ事件～』（二〇〇四年一〇月一〇日）以来、ビキニ水爆実験の忘れられた被害を調査し、『放射線を浴びたX年後』シリーズへと発展させた。山口放送では、磯野以外にも、佐々木聰が『記憶の澱』（二〇一七年一二月三日）で、加害と被害が表裏一体となった戦争の実像に迫った。

日本テレビの森口豁は『ひめゆり戦史　～いま問う、国家と教育～』（一九七九年五月一三日）や『空白の戦史　～沖縄住民虐殺35年』（一九八〇年一一月二日）をはじめ、沖縄の過酷な戦争体験を掘り起こしてきた。また『一幕一場　沖縄人類館』（一九七八年七月三〇日）や『若きオキナワたちの軌跡』（一九八五年四月一四日）など、米軍基地によって抑圧される沖縄の人々の人権を問う番組も数多く制作してきた。森口が手がけた沖縄関連のドキュメンタリー番組は、『NNNドキュメント』だけで二四本、その前身となった『ノンフィクション劇場』時代のものも含めると二八本にも上る。[21]

以上、『NNNドキュメント』の長期シリーズや継続的取り組みを中心に紹介してきた。もちろんここに取り上げたのはごく一部の例に過ぎない。この他にも、全国の制作者によって優れた番組が数多く作られ、放送されてきた。一九七〇年代後半に、東京一極集中への反省から「地方の時代」が提唱され、時代のキーワードとなった。[22]　東京中心の発想で作られるテレビのなかで、『NNNドキュメント』が全国の制作者に貴重な全国発信の機会を提供し、地域のジャーナリストの拠りどころとなってきたことの意義は、極めて大きい。

6　再生に挑む人々

最後に、こうした『NNNドキュメント』の特徴が凝縮された番組として、『列島検証　破壊される海』（一九九六年七月一四日）を取り上げたい。この番組は、日本テレビ、札幌テレビ、テレビ岩手、北日本放送、西日本放送（香川）、熊本県民テレビの六社の共同制作によって生まれた。プロデューサーの菊池浩佑は、この番組が誕生した経緯を次のように語る。

この「NNNドキュメント」に結集した制作者集団としての力を、番組にも生かそうと年に何回か、共同でひとつのテーマに取り組むということも行ってきた。「列島検証　破壊される海」も、この〝合宿会議〟の中から生まれた企画だ。しかもそれは、昼間の会議ではなく、〝夜の分科会〟と称する懇親会での雑談からはじまった。「山の荒廃が海の荒廃をもたらす。〝森は海の恋人〟と漁民たちが立ち上がっている」テレビ岩手・遠藤隆氏の話に、みんながのった。たちまち共同制作企画になり、六社で日本の海のただならぬ状況を取材、豊かな海を取り戻そうと、山の再生に挑むひとたちの動きも追うことになった[23]

かつて日本一のアサリの産地だった九州の有明海では、ヘドロがたまり、海一面に死滅したアサリが広がっていた。一〇〇種類を超す魚が揚がる瀬戸内海では、高度経済成長期の汚染物質が海に堆積し、再び赤潮の被害が発生した。ブリやホタルイカの漁場として知られる日本海の富山湾では、黒部川のダムから流れ込んだ土砂が湾を汚染していた。良質な昆布の産地である北海道の日本海岸では、海の底が白くなる磯焼けという現象が広がり、「海の砂漠化」が進行していた。番組は、随所に水中撮影を交えながら、乱開発や都市化によって破壊が進む日本の海の実態を伝えた。『NNNドキュメント』のネットワークの力が結集した番組だった。

一方で、この番組は再生への希望も描いている。その終盤、本来なら海の上にあるはずの漁師の大漁旗が、山の上にはためく印象的なシーンが登場する。海の破壊が森の荒廃と密接に結びついていることを悟った全国各地の漁師たちが、海を蘇らせるために漁具を鍬に持ちかえ、山に植林をはじめたのだ。森が豊かになれば、川を通じて栄養分が流れ込み、やがては海も生き返る。北海道の襟裳岬には、海を再生させるために四〇年間にわたって木を植え続ける漁師たちがいる。宮城県の気仙沼湾では、牡蠣養殖を営む畠山重篤が「森は海の恋人」と名づけた植林運動に取り組みはじめた[24]。熊本県の緑川上流には、五〇年、一〇〇年後の海に思いを馳せ、山に広葉樹を植える有明海の漁師たちの姿があった。

これまで述べてきたように『NNNドキュメント』はポスト成長期の現代日本を見つめ、記録し続けてきた。破壊される人々の暮らしや自然を、その再生への願いを、社会の片隅にいる一人ひとりの人間の生き方とともに伝えてきた。全国各地の制作者が集い、執念と希望を持って番組を作り続けてきた。『列島検証　破壊される海』で、豊かな海を取り戻そうと山の再生に挑む全国の漁師たちの姿は、『NNNドキュメント』の制作者たちにもどこか重なって見える。半世紀にわたって、『NNNドキュメント』が日曜日の深夜にこつこつと植え続けた番組という小さな「木」は、広大な「林」となり、深い「森」となって、いま私たちの目の前に確かに広がっている[25]。

注

（1）日本テレビ放送網社史編纂室編『大衆とともに25年　沿革史』日本テレビ放送網、一九七八年、四八三頁。

（2）浅田孝彦『ニュース・ショーに賭ける』（現代ジャーナリズム出版会、一九六八年）、日本テレビ『ワイドショー11PM深夜の浮世史』（日本テレビ放送網、一九八四年）など。

（3）後藤和彦『放送編成・制作論』岩崎放送出版社、一九六七年。

（4）磯野恭子「時間を刻んだ顔の一瞬に歴史の中の日本を描く」『新放送文化』一九八七年五月号、二三―二六頁。

（5）日本テレビ放送網社史編纂室編、前掲書、二四四―二四五頁。

（6）吉見俊哉『大予言「歴史の尺度」が示す未来』集英社、二〇一七年。

（7）水島宏明『ネットカフェ難民と貧困ニッポン』日本テレビ放送網、二〇〇七年。

（8）水島宏明『母さんが死んだ　しあわせ幻想の時代に』ひとなる書房、一九九〇年、三五五―三五六頁。

（9）菊池浩佑「『NNNドキュメント』の20年」『マスコミ市民』一九九〇年五月号、二三―二四頁。

（10）同論文、一四―一五頁。

（11）日本テレビ50年史編集室編『テレビ夢50年　番組編②1961〜1970』日本テレビ放送網、二〇〇四年、二三頁。

（12）丹羽美之「牛山純一――テレビに見た夢」吉見俊哉編『ひとびとの精神史　第五巻　万博と沖縄返還　1970年前後』岩波書店、二〇一五年、一一一頁。

（13）菊池、前掲論文、一四―一五頁。

（14）大脇三千代『社会の今を見つめて　TVドキュメンタリーをつくる』岩波書店、二〇一二年、一九二頁。

（15）磯野恭子『ドキュメンタリーの現場』大阪書籍、一九九〇年、iii頁。

（16）同書、二九六頁。

（17）向井嘉之『「地域の人々と生きる」意味の問い直しから』日本民間放送連盟編『時代の狩人　ドキュメンタリストの視点』MG出版、一九八八年、一七四―一八一頁。

(18)樋口由紀雄「『忘れられない光景』が育む〝私だけ〟の視座」日本民間放送連盟編、前掲書、二〇六—二一三頁。
(19)福本俊「『地方からのメッセージを伝えたい』と燃えて」日本民間放送連盟編、前掲書、二七六—二八三頁。
(20)佐藤伊佐雄「『原爆を記録する表現者』の一端を担いたい」日本民間放送連盟編、前掲書、三〇〇—三〇七頁。
(21)森口豁『「復帰願望」——昭和の中のオキナワ　森口豁ドキュメンタリー作品集』海風社、一九九二年。
(22)「地方の時代」映像祭実行委員会編『映像が語る「地方の時代」30年』岩波書店、二〇一〇年。
(23)菊池浩佑「実を結んだ〝合宿会議〟」放送批評懇談会編『ギャラクシー賞40年史』角川書店、二〇〇四年、一四三頁。
(24)畠山重篤『森は海の恋人』北斗出版、一九九四年。
(25)『NNNドキュメント』の五〇年間の放送記録を集大成したものとして、丹羽美之編『NNNドキュメント・クロニクル　1970—2019』(東京大学出版会、二〇二〇年)がある。

第8章　固定しない精神で
――是枝裕和と『NONFIX』

1　プロダクションの作り手たち

一九八九年は激動の年だった。ヨーロッパでは東欧革命が起こり、東西冷戦の象徴だったベルリンの壁が崩壊した。その後、マルタで行われた米ソ首脳会談では、四〇年以上にわたって続いた冷戦の終結が宣言された。中国では天安門事件が起こり、民主化を求める学生・市民が広場に押し寄せた。バブル経済の絶頂期にあった日本では、天皇が死去し、昭和が遂に幕を下ろした。戦後の世界秩序が大きく変化し、新たな時代が到来しつつあることは誰の目にも明らかだった。

ちょうどこの年の一〇月にテレビでも新しいドキュメンタリー番組がスタートした。フジテレビで放送された関東ローカルの深夜番組『NONFIX』（一九八九年―、図1）だ。『NONFIX』とは「ノンフィクション」と、「何も決めない」「FIX（固定）しない」という意味を掛け合わせた造語である。『NONFIX』が目指したのは、文字通り、従来の固定観念に縛られず、内容もスタイルも切り口も自由な一時間のドキュメンタリー番組だった。同番組を立ち上げた編成担当（当時）の金光修は、その狙いを次のように述べている。

図１　『NONFIX』（オープニング）

放送時間は二五時台、予算は当然少ない。我々は本格的ドキュメンタリー番組にすることも、するつもりもなかった。やりたかったのは、〈今日的なこと〉〈東京のこと〉であり、その方法論としては、〈新しいノンフィクションのスタイル追求〉〈ステレオタイプの打破〉であり、精神としては〈社会におけるタブーへの挑戦意欲〉と〈渋谷センター街の大学生的好奇心〉という全く相反してしまいそうな要素を混在させたものだった(1)

かつて「母とこどものフジテレビ」と呼ばれ、長らく低迷していたフジテレビは、一九八〇年代に入ると「楽しくなければテレビじゃない」という新しいキャッチフレーズを掲げて、バラエティ番組やトレンディドラマを次々にヒットさせ、大躍進を果たした。勢いに乗るフジテレビが次に挑んだのが、若者をターゲットとした実験的な深夜枠の開発だった。「JOCX－TV2」と銘打って、「深夜の編成部長」という架空の肩書を作り出し、若手に全権を委任した。初代「深夜の編成部長」だった石川順一によれば「新たに企画を募って、その内容だけで勝負しよう。フジっぽくないことをやろう」という発想だった。[2]

その結果、この深夜枠から実験的な野心作が次々に生まれ、多くの作り手が育った。三姉妹の軽妙な会話で若い女性の日常を描いたシチュエーションコメディ『やっぱり猫が好き』（一九八八—九〇年）、ウッチャンナンチャンやダウンタウンが新たな笑いに挑戦する『夢で逢えたら』（一九八八—八九年）、日本の消費文化史を歴史上の出来事になぞらえて解釈する教養バラエティ『カノッサの屈辱』（一九九〇—九一年）、マニアックな出題でカルトブームに火をつけたクイズ番組『カルトQ』（一九九一—九三年）など、フジテレビの深夜黄金期を代表する番組がここから生まれた。

『NONFIX』も間違いなく、こうした深夜の解放区に充満したエネルギーから生まれた番組のひとつだった。確かに「楽しくなければテレビじゃない」というキャッチフレーズに象徴されるこの時期のフジテレビ文化は、しばしば「軽チャー」路線とも評され、批判されることもあった。しかし、そのような大胆な変化のなかから、ドラマ、ドキュメンタリー、バラエティとジャンルを問わず、挑戦的で野心的な番組や作り手が生まれてきたことを忘れてはならないだろう。

一九九〇年代以降、この『NONFIX』を舞台に、テレビ・ドキュメンタリーに新たな息吹を吹き込んだのが、プロダクション（テレビ番組制作会社）やフリーランスの作り手たちである。『東京・野良犬絶滅都市』（一九九〇年三月一三日、制作：テレコムスタッフ、演出：野中真理子）、『しかし……—福祉切り捨ての時代に—』（一九九一年三月一二日、制作：テレビマンユニオン、演出：是枝裕和）、『神様の基準』（一九九四年一〇月二六日、制作：テレビマンユニオン、演出：岸善幸）、『青山世多加』（一九九四年一二月一四日、制作：テレパック、演出：信友直子）、『「放送禁止歌」～唄っているのは誰？規制するのは誰？～』（一九九九年五月二二日、制作：グッドカンパニー、演出：森達也）など、数多くの名作・話題作が放送された。[3]

一九七〇年代初頭にテレビマンユニオンなど独立系のプロダクションが次々に誕生して以降、テレビ番組制作の実質的な中心は放送局からプロダクションに移りつつあった。一九八二年にはプロダクションの地位向上を目指す連合組織として全日本テレビ番組製作者連盟（ATP）が設立された。(4) 一九八〇年代、九〇年代になると、プロダクション生え抜きの第二世代、第三世代の作り手も現れ、衛星放送や多メディア・多チャンネル化を背景に、活躍の幅を広げていった。テレビ番組が放送局だけのものである時代はしだいに終わりを迎えつつあった。

深夜の解放区だった『NONFIX』には、こうして放送局の外部にいた若くて才能あふれる制作者が数多く集まってきた。前章で取り上げた『NNNドキュメント』が「地方の時代」を象徴するドキュメンタリー番組だとすれば、『NONFIX』は「プロダクションの時代」を象徴するドキュメンタリー番組と言えるだろう。プロダクションの作り手たちが自由な発想で制作する『NONFIX』は、テレビ・ドキュメンタリーに新たな作家主義を持ち込み、その表現の幅を格段に広げた。以下では、『NONFIX』を舞台に活躍した是枝裕和と森達也という二人の作り手に注目しながら、そのことを明らかにしてみたい。

2　原点となった『しかし……』

『万引き家族』（二〇一八年）が第七一回カンヌ国際映画祭で最高賞となるパルムドールを受賞するなど、いまや日本を代表する映画監督となった是枝裕和だが、実は彼の制作者としての原点がテレビにあることは一般にはあまり知られていない。是枝本人も「僕自身の出自がテレビで、撮影所で育っているわけ

図2　『しかし……―福祉切り捨ての時代に―』

でもないので、自分のことを映画人だと思っていないんです。いまだにテレビ人だと思っているところがあります。〝テレビ人が映画を撮っている〟という、どこか映画を外から見ている感じがあるんですよ(5)」と述べる。

是枝裕和は一九六二年、東京に生まれた。一九八七年に早稲田大学を卒業後、萩元晴彦・村木良彦・今野勉らが創設したテレビマンユニオンに参加した。『もう一つの教育～伊那小学校春組の記録～』(『NONFIX』、一九九一年)、『彼のいない八月が』(同、一九九四年)、『記憶が失われた時…～ある家族の2年半の記録～』(NHK、一九九六年)など、ドキュメンタリー番組の演出で頭角を現した。なかでも是枝のデビュー作となったのが『しかし……―福祉切り捨ての時代に―』(『NONFIX』、一九九一年三月一二日、図2)である。ある官僚と元ホステスの死を交錯させながら、福祉切り捨ての現状を描いたドキュメンタリー番組だ。前述した編成担当の金光修は是枝との出会いを次のように回想する。

テレビマンユニオンの是枝裕和とは、フジテレビの食堂で初めて会った。彼は私に一切の企画書なしに、「福祉のドキュメンタリーを作りたい」と言った。そして彼がこれまで学び調べ考えてきた日本の福祉行政について淡々と語った。彼の話には、本物の迫力があった。その数日後、彼の手による新聞の切り抜き、ナレーション原稿つきの写真などによる分厚い資料を見た。一朝一夕ではない。彼の福祉問題に対する意気込みを、改めて感じた(6)

とはいえ、番組はすんなりとできあがったわけではなかった。是枝の著書『映画を撮りながら考えたこと』によれば、もともとこの番組は、東京都荒川区で生活保護を打ち切られて自殺した元ホステス・原島信子の話を中心に構成される予定だった。彼女の肉声を記録した録音テープには「あんたは女なんだからいくらでも稼ぐ方法があるだろう」と福祉事務所に言われたという赤裸々な告白が残されていた。番組はこの録音テープを柱にして、彼女を自殺に追い込んだ福祉行政の問題点を告発する内容になるはずだった。

しかし、撮影準備に入る段階で、あるニュースが飛び込んできた。環境庁企画調整局長（当時）の山内豊徳が水俣病裁判で国と患者の板挟みになった末、自殺したのだ。山内はかつて厚生省社会局保護課長を務め、生活保護行政の責任者だった人物である。しかも彼の学生時代の詩や作文、官僚時代の福祉についての論文を繙くと、福祉に理想と情熱を燃やす良心的な人物像が浮かび上がってきた。東大法学部出身のエリート官僚がなぜ自ら死を選ばなければならなかったのか。この一つの事件との出会いをきっかけに、是枝は山内の取材にのめり込んでいった(7)。

僕の頭の中には、そこには生活保護を打ち切る役人が出てくるはずだった。それは悪者として出てくるはずだったの。でも取材をしていくうちに、その厚生省のトップの、ナンバー2だけどね、生活保護にも関わっていた人は、患者と行政の板挟みにあって自殺をしちゃってるんですよ。そういう意味でね、その人自身も被害者なんですよ。あっ、人ってすごい複雑な生き物だなって思って、いかに自分が書いていた構成台本っていうものがね陳腐なものだったかっていうのを思い知らされて、いっぺんそれを全部捨てたんですよね[8]

この経験は是枝に大きな影響を与えた。自分の頭のなかにある結論を映像で「再現」するのではなく、映像を撮りながら「発見」を積み重ねていくことがドキュメンタリーの面白さだと考えるようになったという。

これは面白いなって思ったんですよ。ドキュメンタリーを作るってこんなに面白いことだったのかと思って。相手に対しても自分に対しても発見がある。自分がそれまで持っていた価値観とか先入観とかっていうものを壊していく作業だと思ったんですね。壊れていくことがすごく快感だったけれども、壊した上でまた作っていかなくちゃいけないから、いろいろなことを。その作業自体が非常に自分にとっては刺激的だったし、ショックな体験だった[9]

最終的にこの番組の内容は当初の予定から大きく変更され、原島と山内という二人の登場人物を中心に構成されることとなった。「被害者」である市民の側から「加害者」である福祉行政を糾弾するという当初の思惑とは全く異なり、生活保護受給者とエリート官僚という対照的な立場にある二人の人生を複雑に交錯させながら、福祉切り捨ての時代を印象的に描き出すものとなった。

『しかし……』が放送された一九九一年三月はバブル崩壊の前夜である。このときを境に日本は「失われた二〇年」とも「失われた三〇年」とも呼ばれる長い低迷期に突入していく。いや、福祉国家の終焉に伴う新自由主義的な経済政策への転換はすでに一九八〇年代初頭からじわじわと確実にはじまっていた。福祉を受ける側と福祉を支える側の双方の叫びをすくい上げることで、結果的にこの番組は、生活保護の適正実施、公害補償の見直しに象徴される、時代の転換点を鮮やかに浮かび上がらせることに成功した。

もしこの番組が、当初の予定通り福祉行政の一方的な断罪に終始していたら、どうだったか。確かに視聴者は行政を懲らしめるその番組に拍手喝采を送ったかもしれない。しかし、福祉行政に生涯を捧げて亡くなった山内の人生や、その背後にある福祉切り捨ての大きなうねりはかえって見えなくなっていただろう。是枝は言う。

> ドキュメンタリーをつくる時に、弱者と強者、善と悪の色分けをあらかじめしてしまうと、制作者としては楽である。行政、官僚を悪と決めつけ、善良な市民の側から告発する。企業を悪と決めつけ、消費者の側に寄り添いながら描写する。このような「安直な図式」に社会をはめこむことで、逆に見えなくなるものがある。山内豊徳というひとりの官僚は、そのことを僕に気づかせてくれた[10]

テレビはしばしば「正義」を振りかざし、わかりやすい「悪」や「敵」を断罪しようとする。いまやネットやSNSの登場によって、その傾向は加速度的に増している。これに対して是枝は、世界の複雑さ、わかりにくさを繰り返し描こうとしてきた。世界は私たちが考える以上に複雑で豊かだということを一貫して示し続けてきた。『しかし……』は、その意味で、まさに是枝の原点と言うべき番組なのである。

3 ドキュメンタリーの再定義

是枝はその後も『NONFIX』を舞台に、様々なドキュメンタリー番組を精力的に作り出していった。『もう一つの教育〜伊那小学校春組の記録〜』（一九九一年五月二八日）では、教科書を使わないユニークな総合学習として、牛のローラの飼育に取り組む長野県の伊那小学校の子供たちを三年間にわたって記録した。斬新なのはその取材方法である。何と是枝はこの番組のほぼ全編を、彼自身が撮影したホームビデオの映像だけで作り上げた。[11] 牛小屋の建て直し、えさ代の計算、小屋の掃除や乳搾り、仔牛の出産や死を通して、成長していく子供たちの姿が生き生きと描き出されている。

なかでも番組終盤におけるローラと子供たちの別れの場面は強く印象に残る。ローラを農家に返すべきかどうかをめぐってクラスで真剣な話し合いを重ねてきた子供たちは、別れの日、トラックの荷台に載せられたローラを追いかけて、一斉に走り出す。是枝はこうした子供たちの一瞬の行動や表情をカメラで記録するために、三年間、一人で春組に通い続けた。みんなで給食を食べ、放課後は一緒に遊び、子供たちとの関係を築き上げていったという。[12] 『誰も知らない』（二〇〇四年）など、のちに子供を主役にして数多くの優れた映画を撮ることになる是枝裕和のもうひとつの原点と言っていいだろう。

次の『公害はどこへいった…』（一九九二年一月二八日）は、『しかし……』の続編とも言える番組である。一九六〇年代末から七〇年代にかけて、公害に反対する住民運動が全国各地で盛り上がった。しかし八〇年代以降、「公害」という言葉は、「環境」という聞こえのいい言葉に取って代わられ、メディアからも人々の意識からも消えつつあった。公害はいったいどこへいったのか。公害はなぜ忘れられてしまったのか。是枝はこの番組で、千葉の川崎製鉄（当時）による大気汚染問題を取材しながら、公害への関心が急速に失われつつある日本社会の現状を問い直そうとした。

公害って言葉が環境という言葉にすり替えられていった時に、責任を取る人間が減っていくっていうんですかね。言葉ってすごく大事だなって思うんだけど、環境、環境って言われ始めた時期に、何かがたぶん手のひらの指の隙間から落ちていってるはずだっていう、何かそういう感覚で、公害っていうものをもういっぺん捉え直してみようっていうことだったと思います[13]

この番組で是枝が焦点をあてたのが、元環境庁の官僚・橋本道夫だ。橋本は七〇年代に公害行政を飛躍的に進めた功労者でありながら、後年の公害訴訟では一転して企業擁護の立場に立ち、公害病患者たちから裏切り者と批判されていた[14]。是枝は、この一人の官僚の変節を追うことで、時代の変化に迫ろうとした。ただし興味深いことに、是枝はこの番組でも、橋本を悪者として一方的には描いていない。番組のラストコメントでは「もしかしたら橋本道夫も経済優先という時代が生んだ公害による被害者の一人なのかもしれない」とさえ述べる。わかりやすい悪者を叩くのではなく、私たち自身のなかにもある加害者性を見つめようとする是枝の一貫した姿勢が垣間見える番組だ[15]。

『彼のいない八月が』（一九九四年八月三〇日、図3）では、エイズ患者の平田豊が亡くなるまでの二年

図 3　『彼のいない八月が』

間を映像日記風に綴った。平田は日本で初めて性交渉によるエイズ感染を公表した人物である。しかし、これもよくありがちな闘病記とは全く印象が異なる。むしろ是枝が目指したのは、テレビ的な闘病記の型を壊すことだった。当初、知り合いのプロデューサーから平田を撮影してみないかという話を持ちかけられたとき、是枝は次のように考えたという。

> 最初は嫌だなと思った。病気とか障害にもめげず頑張っている人を撮ると、どうしてもその人の悪いところを撮れないし、非常に偽善的なものになる危険性があるなと思ったので、最初はちょっと腰が引けてたんですけど、会うだけ会ってみませんかといって、会わせて頂いて、そしたら面白かった、すごく。まあ、滅茶苦茶な人だった。（中略）けっしてそんなさ、聖人や哲学者になるわけじゃないじゃないですか。病気になったり、死が近づいたからといって、みんながみんな。で、そういう等身大のわがままな人間を撮れるのであれば、これは数多あるそういう偽善的な障害者物語に対してある種のアンチになるなと思ったの。この人がちゃんと撮れれば[16]

図4　『ドキュメンタリーの定義』

また是枝はこの番組を、ホームビデオの映像を多用し、「私」という一人称のナレーションを用いて作り上げた。そこには平田の発言や行動に戸惑いながらも、しだいに彼のペースに巻き込まれ、生活の手助けをするようになっていく是枝自身の姿が記録されている。取材者と被取材者の関係性そのものに焦点をあてた不思議な味わいのあるドキュメンタリー番組に仕上がっている。こうした私小説的な手法それ自体が、ドキュメンタリーは客観であるという固定観念を壊そうとするものだった[17]。

新しいテレビの表現を開拓しようとする是枝の挑戦は、その後、ドキュメンタリーという表現手法そのものの再考にも向けられていった。それが『NONFIX』の二五〇回記念スペシャルとして放送された『ドキュメンタリーの定義』（一九九五年九月二〇日、図4）である。この番組は、日頃からテレビの制作に携わってきたプロダクションの三〇代の制作者四人が、それぞれ独自の手法でドキュメンタリーの再定義に挑んだオムニバス形式のユニークな試みである。

そのなかで、第四話「事実とドキュメンタリーの間」を担当した是枝は、ドキュメンタリーをありのままの事実とみなす考え方に、一人称のスタイルで疑問を投げかけていく。ドキュメンタリーを取材者と被取材者との変化していく関係性の記録であると結論づけた上で、番組を次のような言葉で締めくくっている。「ドキュメンタリー、そこはフィクションもノンフィクションも、作為もお芝居も入り乱れ、混沌とした状況です。だからこそおもしろいのだと思います。一番危険なのは、私は事実を伝えている、私たちは事実をありのまま伝えられている、と単純に思い込んでしまう、お互いの甘えと錯覚だと思います」。

この当時、テレビでは大きなやらせ事件が起きていた。『NHKスペシャル』で放送された『奥ヒマラヤ　禁断の王国　ムスタン』（一九九二年九月三〇日、一〇月一日）に対して、流砂が発生する場面や、スタッフが高山病に苦しむ場面がやらせではないかと朝日新聞に指摘され、大きな社会問題になっていた。確かに、そこで行われた再現手法は、もはや時代にそぐわないものであることは明白だった。しかしその一方で、「ドキュメンタリーはありのままの事実を伝えなければならない」という素朴な主張が繰り返されることに、作り手たちは強い危機感も感じていた。『ドキュメンタリーの定義』はそうした揺り戻しに対する是枝たちからの反論でもあった[18]。

一九九〇年代に入り、冷戦が終結した世界では東西両ドイツが統一し、ソ連邦が消滅した。日本ではバブルが破綻し、経済は長い低迷期に突入した。自民党と社会党が主導してきた、冷戦の国内版とも言える五五年体制も幕を下ろした。時代が大きく転換し、それまでの常識や枠組みが通用しなくなるなかで、弱者と強者、善と悪、事実と虚構の境界はかつてほど明確ではなくなりつつあった。世界の複雑さや多様さ、わかりにくさをどう描くか。テレビにも新たな発想が求められるようになっていた。

4 「放送禁止歌」を放送する

この時期、是枝とともに『NONFIX』で異彩を放ったのが森達也である。森は一九五六年、広島県に生まれた。立教大学を卒業後、自主映画制作や演劇活動で二〇代を過ごし、その後プロダクションやフリーランスの立場で、テレビの報道やドキュメンタリー番組に携わるようになった。『NONFIX』では『職業欄はエスパー』（一九九八年二月二四日）、『「放送禁止歌」～唄っているのは誰？規制するのは誰？～』（一九九九年五月二二日）、『1999年のよだかの星』（一九九九年一〇月二日）などの話題作を手掛けた。

森の代表作と言えるのが、オウム真理教を取材したドキュメンタリー映画『A』（一九九八年）や、その続編『A2』（二〇〇一年）である。一九九五年三月に起こった地下鉄サリン事件では、通勤ラッシュ時に東京の地下鉄内で猛毒のサリンが撒かれ、多数の死傷者が出た。その後、事件に関わったオウム真理教の幹部や教祖の麻原彰晃が逮捕された。当時、テレビのニュースやワイドショーは、連日のようにオウム真理教を取り上げ、テレビ画面は教団や信者に対する敵意と憎悪一色に染まっていった。

テレビのオウム・バッシングが強まるなか、森達也はあえて教団の内側にカメラを持ち込み、信者たちの日常生活を記録しようとした。いや、正確には、教団の内部から見える外の世界を撮ろうとしたと言った方がいいだろう。『A』や『A2』には、横暴なマスコミ、不当逮捕を行う警察、オウム排斥を叫ぶ近隣住民など、まるでオウムを反転させたかのように暴走する異常な市民社会の姿が次々に映し出されている。森はその狙いを次のように述べている。

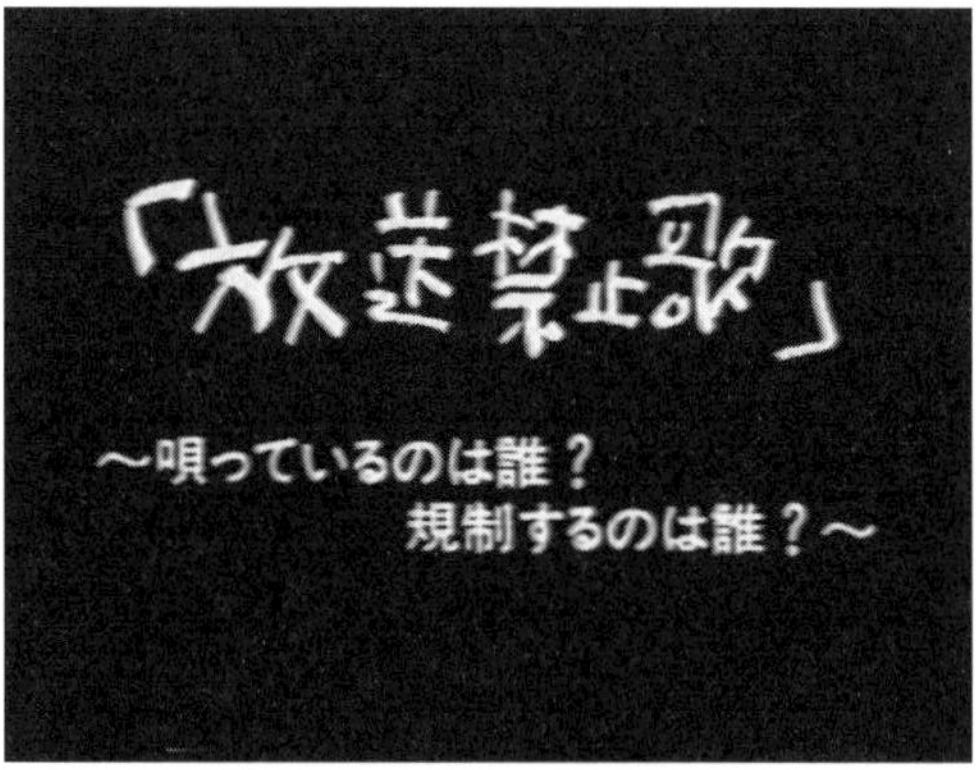

図5　『「放送禁止歌」
～唄っているのは誰？規制するのは誰？～』

「オウムの中から外を見る」……最初にドキュメンタリーを撮ることを思いついたときから、この視点への着想はあったし、見える光景へのある程度の予感はあった。しかし実際に、今日を入れて三日間の撮影を経過して、収録された施設外部の光景は、机上の予想をはるかに超えた濃度だった。慣れ親しんでいたはずの社会の、かつて一度も目にしたことのない、剝きだしの表情がそこにひしめきあっていた[19]

実は、もともと『A』は『NONFIX』で放送される予定だった[20]。しかし、企画が途中で中止されたため、最終的には自主映画として撮影が続けられ、公開された。オウム真理教を「殺人テロ集団」「絶対悪」と捉えていた当時のテレビでは、教団の内部に深く入り込もうとする森の意図はバランスを欠く危険なものと判断された[21]。結果的に『A』『A2』は、地下鉄サリン事件を契機に、次第に危機管理意識を強め、他者への嫌悪や憎悪を増幅させていく日本社会やテレビの姿を捉えた稀有な作品となった。

『A』のテレビ放送こそ叶わなかったが、この時期、森は『NONFIX』でテレビの限界に挑む数多くのドキュメンタリー番組を作り出していった。『職業欄はエスパー』では、周囲や世間からのバッシングに晒される超能力者の日常を記録した。『1999年のよだかの星』では、テレビでほとんど報じられることのない動物実験を取材した。なかでも『「放送禁止歌」』(図5)は、文字通り、テレビでタブーとされ、闇に消えていった「放送禁止歌」の歴史を追った問題作として大きな反響を呼んだ。森は言う。

一九九八年一一月。フジテレビでの打ち合わせの席上で、幾つかの企画書の中に紛れこんでいた放送禁止歌の企画に、編成部所属の鈴木専哉は「これ、面白いじゃないですか」と声をあげた。彼が担当する番組は、深夜の六〇分のドキュメンタリー枠「NONFIX」だ。関東ローカルの深夜番組だから予算は空前絶後に低い。しかし特定の企業の提供枠ではないため、表現を許容する範囲はゴールデン枠に比較すれば圧倒的に大きい。とはいえ、四年間の月日にわたって各局から拒絶されつづけてきたこの企画に、陽の目が当たる日など来ないだろうといつのまにか思いこんでいたぼくは、彼の予想外の反応に、情けないことだけど逆に狼狽した(22)

なぎら健壱の『悲惨な戦い』、高田渡の『自衛隊に入ろう』、高倉健が唄う『網走番外地』、北島三郎が唄う『ブンガチャ節』、ピンク・レディーが唄う『SOS』、赤い鳥が唄って大ヒットした『竹田の子守唄』、岡林信彦の『手紙』など、テレビではこれまで数多くの歌が「放送禁止」とされてきた。なぜ「放送禁止」とされたのか。誰が「放送禁止」としたのか。『「放送禁止歌」』は、テレビでタブーとされたこれらの歌を徹底取材し、その歴史や背景を明らかにしようとした番組である。

取材の結果、森がたどりついた結論は次のような意外なものだった。「放送禁止歌」を制定する制度はそもそも存在しないこと。日本民間放送連盟（民放連）が策定する「要注意歌謡曲」というリストはあるが、これはあくまで各放送局が自主判断をするための目安（ガイドライン）に過ぎないこと。そもそもこのリスト自体が一九八三年を最後に更新されておらず、すでに効力を失っていること。つまり「放送禁止歌」など存在しなかったのだ。実際、森は「放送禁止歌」の歌手を訪ね歩いて、彼らがそれを唄う姿をそのまま番組内で放送した。

番組の終盤で、規制の主体を探し求めて紆余曲折を続けてきた森のカメラは、自分が働く番組制作会社のスタッフルームへとたどりつく。そしてロッカーの扉を開け、そこに取りつけられた小さな鏡にカメラを持った自分自身の姿を映し出す。過剰な自己規制に囚われているのは、テレビ自身であり、森自身であり、そしてテレビを見ている私たち自身でもある。そう問いかけて番組は終わる。森が『「放送禁止歌」』を通して描こうとしたのは、思考停止に陥って身動きが取れなくなりつつあるテレビや私たち自身の姿だった。

5　記憶と忘却

二〇〇〇年代以降、是枝裕和も森達也も次第にテレビを離れ、映画や文筆活動にその中心を移していった。その二人が『ＮＯＮＦＩＸ』で久しぶりにドキュメンタリーを撮ることになったのが、二〇〇五年三月から五月にかけて放送された「シリーズ憲法」である。『ＮＯＮＦＩＸ』を担当するフジテレビ編成部のプロデューサーから是枝に相談があったのがきっかけとなり、「シリーズ憲法」は生まれた。是枝が森達也とテレコムスタッフの長嶋甲兵[23]の二人に声をかけたところ、長嶋が「憲法を取り上げたい」と切り出したという[24]。

結果的に、「シリーズ憲法」は、五人の作り手が憲法の条文を一条ずつ取り上げ、それぞれの手法で番組化していくというユニークなシリーズとなった。戦後六〇年が経ち、憲法改正論議が次第に高まるなか、憲法を天下国家の問題として大上段に論じるのではなく、あくまで「私」の問題に引きつけて考えていこうとする姿勢がシリーズ全体を貫いていた。最終的に、森達也の担当する第一条（天皇制）は番組化が実現しなかったが[25]、長嶋甲兵が第九六条（憲法改正の手続き）を、ドキュメンタリージャパンの長谷川三郎が第二四条（男女平等）を、スローハンドの伊藤みさとが第二五条（生存権）を、是枝裕和が第九条（戦争放棄）を、フジテレビの佐野純が第二一条（表現の自由）を取り上げた[26]。

このなかで是枝が第九条をテーマに制作したのが『シリーズ憲法〜第九条・戦争放棄　忘却』（二〇〇五年五月四日）である。憲法九条をテレビで取り上げる場合、その多くは条文の解釈や歴史的な成り立ちを追うことになりがちだ。しかしこの番組では、そうした一般的なアプローチは一切排除されている。むしろ是枝は、戦争の記憶に関わる様々な場所を自身が訪ね歩きながら、戦後日本が戦争をどう記憶してきたか、またそのなかで日本の歴史のなかにある加害性をどう忘却してきたかを問うことを目指した。是枝は憲法九条を忘却という観点から取り上げた意図について次のように述べる。

タイトルにつけた「忘却」とは、そのことを指します。第九条とは、大胆な言い方をすれば、聖書における「原罪」なのではないかと。つまり「加害」を忘却しがちな国民性に対するある種の楔と

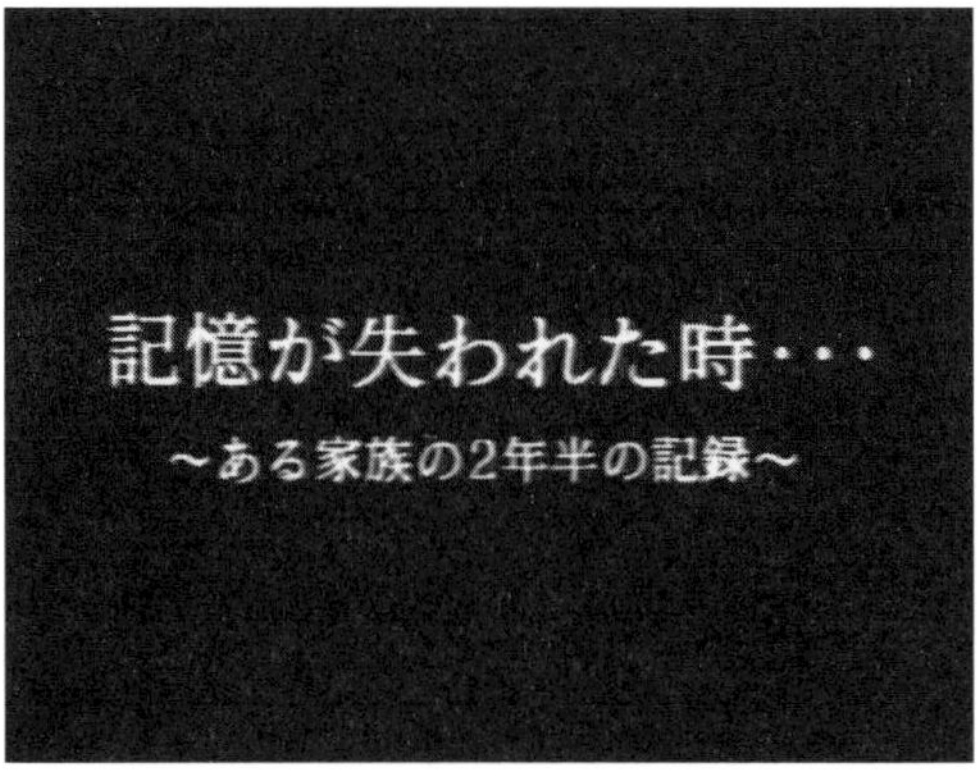

図 6 『記憶が失われた時…～ある家族の２年半の記録～』

して、私たちが常に罪の意識を自覚しながら戦後を生きていくうえで必要だったのではないか。それはアメリカから与えられたものであったとしても、日本人にとって重要な役割を果たしてきたし、これからも担っていくのではないか[27]

記憶と忘却は常に隣り合わせにある。何を記憶すべきかを決めることは、何を記憶しなくてもいいか（忘却してもいいか）を決めることでもある。その意味で、記憶（忘却）は間違いなく政治的な行為である。憲法改正も靖国問題も歴史教科書問題も、突き詰めていくと、結局、私たちが先の戦争をいかに記憶（忘却）しようとしているかという問題につきあたる。

実は、この記憶という問題は、加害と被害の二重性という問題とともに、是枝が長年にわたってこだわってきたテーマのひとつでもあった。是枝はかつて『記憶が失われた時…～ある家族の2年半の記録～』（NHK、一九九六年一二月二七日、図6）という番組を制作したことがある。医療過誤で前向性健忘という記憶障害に陥った男性とその家族の生活を二年間かけて記録した素晴らしいドキュメンタリー番組だ。記憶が

図7 『シリーズ憲法〜第九条・戦争放棄　忘却』

人間のアイデンティティを作り出す上でどれほど重要な役割を果たしているか、記憶を共有することはいかにして可能かということが、記憶障害の主人公を通して逆説的に描かれている。[28]

その後、この記憶というテーマは映画『ワンダフルライフ』（一九九八年）にも引き継がれていった。憲法九条を「忘却」という観点から取り上げたのは、このように以前から記憶とアイデンティティというテーマにこだわってきた是枝ならではのアプローチだった。戦争の記憶（忘却）が戦後日本人のアイデンティティをどのように形作ってきたのかを問う『シリーズ憲法〜第九条・戦争放棄　忘却』（図7）は、是枝が個人的記憶から集合的記憶[29]へとその関心を発展させていく契機となった番組と言えるだろう。

番組では是枝が、自分が生まれ育った東京練馬区の自衛隊駐屯地を出発点に、世界各地の戦争の記念碑や慰霊碑を訪ね歩いていく。東京・千鳥ヶ淵の戦没者墓苑、広島の平和記念公園と原爆ドーム、沖縄の平和祈念公園にある平和の礎、米軍ヘリが墜落した沖縄国際大学、アメリカ同時多発テロの舞台となったニューヨークのワールドトレードセンター跡地

（グラウンドゼロ）、ワシントンDCのベトナム戦争戦没者慰霊碑、アウシュヴィッツの強制収容所跡地、そし父親の生まれ故郷である台湾の台湾神社跡地……。それはまるで戦争の記憶と忘却、加害と被害について考える是枝自身についてのドキュメンタリーのようでもある。

このように個人史を絡めつつ、その思索の過程を映像化していくような演出手法を採用した背景には、自分自身や同世代のなかにある加害性や暴力を改めて見つめ直したいという是枝の思いがあった。

僕らの問題になるのは、「政治の季節が全部過ぎ去ってしまったあと」に来た世代だったということなんです。政治的なアンチテーゼもすべてやりつくされて、だから、僕たちの世代はみんな自分の世界に閉じこもりながら大人になっていったと思う。上の世代へのアンチテーゼとしてそれはそれでアリだと思っていたんです。政治とか革命に夢を見ないというか、価値がすべて相対化されている中で、個人主義に向かうのであればそれはそれでひとつの選択だと僕も思っていた。でも、それが個人主義には突き抜けなかったんですね。で、いまみごとにひっくり返ってナショナリズムに返ってきた。個人に閉じこもっていた人間が、みんなナショナリズムに回収されていくわけです。そこは同世代として、きちんと落とし前をつけないといけないと思っています[30]

一九九九年、日本では日の丸・君が代を法制化する国旗・国歌法が成立した。二〇〇一年九月に起こったアメリカ同時多発テロ事件をきっかけに、アメリカでもナショナリズムと排外主義が強まっていった。二〇〇三年にはイラク戦争が起こり、その翌年、日本は自衛隊を初めて戦地に派遣した。従来の歴史教科書を「自虐史観」として批判する「新しい歴史教科書をつくる会」（一九九六年結成）の運動も高まりを見せていた。『シリーズ憲法～第九条・戦争放棄 忘却』は、教科書を書き換え、憲法を改正することによって、不都合な歴史を忘却しようとしている戦後日本への鋭い批判だった。[31]

6 テレビは終わらない

著書『映画を撮りながら考えたこと』の「あとがきのようなまえがき」で是枝は次のように述べている。

テレビに関して言えば、僕が二七年間という長きにわたって在籍したテレビマンユニオンの創立メンバーたちが、六〇年代にTBSを舞台につくっていた番組群への憧れが強い。テレビそのものを問うような、そんな果敢な実験の時代がすっかり終わった八〇年代に、僕は遅れてテレビにやってきた。[32]

ここで言う「テレビマンユニオンの創立メンバー」とは、言うまでもなく萩元晴彦や村木良彦を指している。彼らが一九六〇年代後半に「お前はただの現在にすぎない」というテレビ論を掲げ、『あなたは…』などの実験的なドキュメンタリーを次々に世に問うたことは、すでに第4章で述べた通りだ。八〇年代末にテレビの世界に入った是枝は、萩元や村木が活躍した「実験の時代」に間に合わず「遅れてテレビにやってきた」世代だった。当時の是枝には、新しいテレビ表現を開拓する実験はすべてやり尽くされ、テレビ発展の歴史はもはや終わったように見えたことだろう。[33]

確かに一九八〇年代は、テレビに限らず「歴史の終わり」が強く意識された時代だった。冷戦の終結を受けて、一九九二年に刊行されたアメリカの政治学者フランシス・フクヤマによる世界的ベストセラー『歴史の終わり　歴史の「終点」に立つ最後の人間』[34]では、共産主義陣営の崩壊によって、自由主義・資本主義陣営が最終的な勝利を収め、人類発展の歴史が終焉するとさえ言われた。日本でも、高度経済成長によって経済大国化して以降、国民のほとんどが中流意識を持つ均質で平等な社会を実現したと考えられてきた。この時期、多くの人々が消費を通して自己の欲望を実現する私生活中心のライフスタイルを謳歌した。一九八〇年代に成立した消費社会は、人間の歴史が終焉し、永遠に消費だけに没頭できるようになる最終段階の社会になるはずだった。

しかし、そうした夢のような消費社会は長くは続かなかった。バブル経済の崩壊とそれに続く長い不況、湾岸戦争、オウム真理教事件、阪神・淡路大震災、グローバル資本主義と非正規雇用の拡大、その反動としてのナショナリズムや排外主義の高まり……一九九〇年代から二〇〇〇年代にかけて起こった数々の出来事は、その現実的な力によって人々を夢から目覚めさせていった。人々が没頭していた消費社会は幻想に過ぎず、その内部や外部に様々な問題が積み残されたままであることが、しだいに明らかになっていった。二〇〇一年九月一一日のアメリカ同時多発テロ事件や、二〇一一年三月一一日の東日本大震災と原発事故はこれにとどめを刺す出来事だった。

テレビに遅れてやってきた是枝裕和や森達也が『NONFIX』で固定観念を打ち破るような新しいドキュメンタリー番組を次々に作り出していったのは、まさにそのような時代だった。

僕がテレビに職業として関わりはじめた八七年、テレビは自らの方法論を問う〝青春〟時代をとっくに終えていた。僕の目の前に広がっていたのは、のっぺりとした、ないだ海のような風景だった。日々の雑務に忙殺されながら、自らの内にくすぶっていた埋み火の熱が自分でも自覚できなくなって来たような時期に僕はNONFIXと出会った。遅れてやって来た青春を取り戻そうとして、僕はひとりでジタバタしながら自分なりのテレビ論をその海に投げ込んでみた。それは六〇年代に彼ら（村木良彦や萩元晴彦：引用者注）が取り組んだテレビ論には遠くおよばないであろうことは、はなからわかってはいたが、どうしてもテレビに対して自分なりの落とし前をつけなくてはいけないのだ、と躍起になっていたのだ[35]

二一世紀を生きる私たちは、歴史が決して終焉しなかったことをすでに知っている。一九九〇年代以降に起こった数々の事件や出来事は、相変わらず歴史が続いていること、人間は歴史に向き合いながら生きていかざるを得ないことを、まざまざと見せつけた。歴史は終わっていないし、テレビも終わってはいない。むしろ今ほど新しいテレビの方法論が求められている時代はない。テレビに終わりがあるとすれば、それはテレビが「固定しない精神」を失ったときなのだ。

注

（1）金光修「深夜に生まれた自由な番組NONFIXの魅力」『放送批評』一九九二年二月号、一五頁。

（2）フジテレビ50年史編集委員会編『フジテレビジョン開局50年史』フジ・メディア・ホールディングス、二〇〇九年、二二八頁。

（3）歴代のプロデューサーや演出家へのインタビューをもとに、『NONFIX』で放送された名作・話題作の歴史をたどった番組として『NONFIX魂』（二〇〇三年九月二七日、制作：テレビマンユニオン、演出：二木啓介）がある。
（4）テレビマンユニオンの創設に参加した村木良彦が、創造集団としてのテレビマンユニオンの組織論、ATP設立の背景・目的、テレビプロダクションの課題と可能性などを論じたものとして、村木良彦『創造は組織する　ニューメディア時代の挑戦』（筑摩書房、一九八四年）がある。
（5）今野勉・是枝裕和「伊丹十三とテレビ」『KAWADE夢ムック　文藝別冊　是枝裕和』二〇一七年、九六―九八頁。
（6）金光、前掲論文、一六―一七頁。ただし是枝の著書によれば、是枝と金光の最初の出会いの場面は以下のように若干様子が異なる。「そのときNONFIX用の企画書を二本、それぞれA4用紙三枚にまとめて持参しました。一本が先の『生活保護を考える』で、もう一本は負けた人間がなぜ負けたのか言い訳なり弁明なり分析なりを語る『敗者は語る』という番組でした。個人的には後者が通るのではないかと思っていたのですが、（中略）前者を選ばれて驚きました」（是枝裕和『映画を撮りながら考えたこと』ミシマ社、二〇一六年、六二―六三頁）。
（7）是枝、前掲書、二〇一六年、六三―六四頁。ちなみに、そもそも是枝が生活保護の問題に関心を持つようになったのは、『NNNドキュメント』の同名番組を書籍化した水島宏明『母さんが死んだ　しあわせ幻想の時代に』（ひとなる書房、一九九〇年）を読んだのがきっかけだったという（同書、六一頁）。水島が制作した『母さんが死んだ』については、第7章を参照のこと。
（8）『NONFIX魂』（前掲）内で、二木啓介が是枝裕和に対して行ったインタビューより。
（9）同インタビューより。
（10）是枝裕和『雲は答えなかった　高級官僚 その生と死』PHP研究所、二〇一四年、二八二―二八三頁。
（11）是枝、前掲書、二〇一六年、七六頁。
（12）同書、七八―七九頁。
（13）『是枝裕和監督の原点　TVドキュメンタリーを語る　『公害はどこへいった…』』（日本映画専門チャンネル、

二〇一五年三月二五日）内で、浦谷年良が是枝裕和に対して行ったインタビューより。
(14) 是枝、前掲書、二〇一六年、一一一頁。
(15)『是枝裕和監督の原点　TVドキュメンタリーを語る　『公害はどこへいった…』』（日本映画専門チャンネル、二〇一五年三月二五日）内で、浦谷年良が是枝裕和に対して行ったインタビューのなかで、是枝は次のように語っている。「『しかし……』を観てくれた同僚だったけども、あのね『もっと悪い奴を叩いてほしい』みたいな意見が結構あったの。それでぼくへそ曲がりだから、違うなっと思ったの。だから悪者が出てこないようにしようと思って、あのやっぱり公害行政って、橋本道夫も言ってたけどもあの中でたぶん、住民運動、住民の意識ってものを反映しながら落とし所を決めていく非常に難しい仕事だからね、その時に、結局それが後退していくことの責任っていうのは私たち一人ひとりにあるんだっていうことをどういう風にドキュメンタリーの中で言えるかっていうことをやってみたいなと思ったわけ」。
(16)『是枝裕和監督の原点　TVドキュメンタリーを語る　『彼のいない八月が』』（日本映画専門チャンネル、二〇一五年三月二七日）内で、浦谷年良が是枝裕和に対して行ったインタビューより。
(17) 是枝、前掲書、二〇一六年、九九―一〇〇頁。
(18)『ドキュメンタリーの定義』のなかで放送されたその他のエピソードは以下の通り。第一話「ドキュメンタリアン～事実伝蔵氏の悪夢～」（制作：テレコムスタッフ、ディレクター：望月一扶、演出：佐久間務、プロデューサー：村田慎一郎・渡辺仁子）、第二話「ドキュメンタリー　3日間」（制作：ドキュメンタリージャパン、演出：毛利匡、プロデューサー：伊豆田知子）、第三話「衝撃スクープ主義」（制作：オンザロード、取材・構成・プロデューサー：中村裕）。どのエピソードも独自の切り口で作られたものだが、素朴な事実主義を批判する点では一貫している。
(19) 森達也『「A」撮影日誌　オウム施設で過ごした13カ月』現代書館、二〇〇〇年、四六―四七頁。
(20)『NONFIX魂』（前掲）内で、二木啓介が森達也、斉藤秋水に対して行ったインタビューより。
(21) テレビ放送の企画が中止された経緯は、森（前掲書、二〇〇〇年、三三―三九頁）に詳しい。それによれば、当時の制作会社の制作本部長（プロデューサー）から次のような三つの条件を提示され、森が断ったという。①江川紹子や有田芳生など、反オウムのジャーナリストをレポーターとして起用すること。②被害者の遺族や信者の家族を取材して、社会通念とのバランスをとること。③番組放送前に、素材を見せることを要求しないことを約束した念書を相手方に書かせること。

(22) 森達也（デーブ・スペクター監修）『放送禁止歌』解放出版社、二〇〇〇年、二九―三〇頁。

(23) 一九六〇年、広島県生まれ。テレビディレクター。テレコムスタッフで一九八〇年代後半から、数多くの独創的なドキュメンタリー番組を演出。代表作に『詩のボクシング～鳴り渡れ言葉、一億三千万の胸の奥に～』（NHK衛星第二、一九九八年一一月一七日）、『世紀を刻んだ歌　花はどこへいった～静かなる祈りの反戦歌～』（NHKBSハイビジョン、二〇〇〇年一〇月六日）などがある。

(24) 是枝、前掲書、二〇一六年、一三四―一三五頁。

(25) 森の企画が実現しなかった経緯については、森達也『FAKEな平成史』（角川書店、二〇一七年、九九―一三八頁）を参照。また森は是枝との対談のなかで次のように語っている。「今回について言えば、まずは天皇の内面をどう映像化するかということと、その映像化の過程もドキュメントの要素にしようと考えました。憲法そのものは、あまり視野にないんですよ。手法としても、僕が天皇の内面を想像するのと同時に、いちばんいいのは会って話を聞くことだから、会うためのアプローチもする。そして後はメイキングですね。たぶんこれがオンエアされるまでにはいろいろ摩擦があるだろうから、それも全部撮っちゃえと。その三本の柱を考えてね。それで、天皇誕生日や新年の一般参賀に出向いてカメラを回した。だけど一月に入って早々に、フジテレビ側から『手法に違和感がある』という話が来て、いまはペンディング状態です」（森達也・是枝裕和「対談　憲法を撮る。」『論座』二〇〇五年四月号、九四―九五頁）。

(26) それぞれの番組名は以下の通り。『シリーズ憲法～第96条・憲法改正の手続き　国民的憲法合宿』（二〇〇五年三月三〇日）、『シリーズ憲法～第24条・男女平等　僕たちの〝男女平等〟』（二〇〇五年四月二〇日）、『シリーズ憲法～第25条・生存権　カケガエノナイモノ』（二〇〇五年四月二七日）、『シリーズ憲法～第九条・戦争放

棄　忘却』（二〇〇五年五月四日）、『シリーズ憲法～第21条・表現の自由　表現の自由と責任を取材の現場で考えた』（二〇〇五年五月一一日）。
（27）是枝、前掲書、二〇一六年、一四一頁。
（28）この取材を、医療過誤の側面を中心にまとめたものとして、是枝裕和「〈ドキュメント〉奪われた記憶（上）」『世界』（一九九七年七月号、一八五―二〇二頁）、同「〈ドキュメント〉奪われた記憶（下）」『世界』（一九九七年八月号、一八五―二〇一頁）がある。
（29）記憶を社会学や歴史学の重要概念として提起した先駆的な研究として、モーリス・アルヴァックス（小関藤一郎訳）『集合的記憶』（行路社、一九八九年）がある。
（30）是枝裕和「『9条』を手がかりに日記を描いた（聞き手：島森路子）」『広告批評』二〇〇五年二・三月号、一三七―一三八頁。
（31）この時期、テレビでも『ETV2001　シリーズ戦争をどう裁くか　第2回　問われる戦時性暴力』（NHK教育テレビ、二〇〇一年一月三〇日）の内容が、国会議員らの圧力によって放送前に改変される事件が起こった。詳しくは、永田浩三『NHK、鉄の沈黙は誰のために　番組改変事件10年目の告白』（柏書房、二〇一〇年）を参照。
（32）是枝、前掲書、二〇一六年、二頁。
（33）是枝は二〇〇八年に、村木良彦・萩元晴彦らと一九六〇年代のドキュメンタリーにスポットをあてた『追悼村木良彦　あの時だったかもしれない～テレビにとって「私」とは何か～』（TBS『報道の魂』、二〇〇八年五月二八日）を制作している。
（34）フランシス・フクヤマ（渡部昇一訳）『歴史の終わり　歴史の「終点」に立つ最後の人間（上・下）』三笠書房、一九九二年。
（35）是枝裕和「NONFIXの頃」『テレビマンユニオン史　1970―2005』テレビマンユニオン、二〇〇五年。

第9章　東日本大震災を記憶する
――震災ドキュメンタリー論

1　ニュースの忘れ物

二〇一一年三月一一日に発生した東日本大震災は、地震・津波・原発事故によって、各地に甚大な被害をもたらした。東日本大震災はテレビにとっても大きな試練だった。これまで経験したことのない大災害にどう対応するかをめぐって、テレビはその実力を厳しく試された。テレビは東日本大震災をどう伝えたのか、あるいは伝えられなかったのか。この章では、東日本大震災を記録したドキュメンタリー番組について論じる。いくつかの優れた実践（good practices）を取り上げながら、震災報道で示されたテレビの課題や可能性について考えてみたい。

もちろん、東日本大震災の報道をめぐって、テレビは数多くの厳しい批判にさらされた。第一に、発災直後の大津波報道について。テレビは住民に速やかな避難を促したのか。そもそも停電した被災地では、ラジオに比べてテレビは役に立たなかったのではないか。第二に、その後の被災地報道について。テレビは被災した人々が求める情報を届けることができたのか。その声を十分に拾い上げることができたのか。第三に、原発事故報道について。テレビは政府や東京電力の発表を無批判に垂れ流し続けたのではないか。これらの批判は、東日本大震災の報道が残した大きな教訓と言えるだろう。[1]

しかし、テレビにおいて優れた取り組みがなかったというわけではない。地震発生時の迅速な初動対応、津波や原発事故の決定的瞬間を捉えた映像などは、テレビの速報性や同報性が発揮された好例だろう。テレビがリアルタイムで伝え続けた被災地の情勢変化が、災害対策や災害支援に役立ったことは間違いない。と同時に、もうひとつの優れた取り組みとしてここで指摘したいのが、震災後に作られた数多くのドキュメンタリー番組である。ラジオが発災直後に被災地の情報源として高く評価されたとすれば、テレビはむしろ災害が一段落してから、ドキュメンタリー番組に代表される持続的報道や調査報道で大きな力を発揮したように思われる。

一般的に、ニュースの記者は事件や事故が収束するとすぐに次の現場に向かう。しかしそこには必ず「忘れ物」が落ちている。ドキュメンタリー番組とは、そうしたニュースの「忘れ物」を拾い集める営みということができる。東日本大震災でも、ニュースからこぼれ落ちてしまうような様々な視点やテーマのドキュメンタリー番組が数多く作られた。それらの番組を改めて見直すことは、テレビ・ジャーナリズムの多様性を示すと同時に、忘れられた大震災の記憶を掘り起こすことにもつながるだろう。

以下では、震災関連のドキュメンタリー番組を、いくつかの特徴（テーマやスタイル）に分けて、その意義や可能性を論じていく。もちろんここで取り上げるのは、必ずしも話題になった番組だけではない。なかには深夜枠やローカル枠で放送され、あまり注目されなかった番組も含まれている。しかし「点」から「線」へ、「線」から「面」へと、それらを有機的に結びつけることができれば、テレビにおけるもうひとつの震災報道の姿がくっきりと浮かび上がってくるはずである。[2]

2　想定外の記録

最初に取り上げるのは、大震災の現場に密着し、その実態を記録したドキュメンタリー番組である。東日本大震災は多くの人々にとって想定外の大災害だった。日本の観測史上最大となるマグニチュード九・〇の地震は巨大な津波を発生させ、東北地方の太平洋沿岸部に壊滅的な被害をもたらした。死者・行方不明者は二万人近くにのぼった。さらに福島第一原子力発電所の深刻な事故も重なった。地震・津波災害と原子力災害が同時に発生するという前代未聞の複合災害に、政府や自治体をはじめ、多くの市民が大混乱に陥った。

まずテレビに求められたのは、この想定外の大災害をカメラとマイクでできるだけ詳細に記録することだった。災害の現場でいま何が起こっているのか。テレビはそれを記録し、伝えようとした。実際、初期のドキュメンタリー番組には、ETV特集『福祉の真価が問われている～障害者　震災1か月の記録～』（NHK・Eテレ、二〇一一年四月二四日）、同『今こそ、力を束ねるとき～神戸発・災害ボランティアの記録～』（NHK・Eテレ、二〇一一年六月一二日）、FNSドキュメンタリー大賞『東北の富山　東日本大震災2か月の記録』（富山テレビ放送、二〇一一年六月一五日）など、「～の記録」と題した番組が少なくない。

なかでも、NHKスペシャル『果てなき苦闘　巨大津波　医師たちの記録』（NHK、二〇一一年七月二日、ディレクター：青山浩平・佐野広記、制作統括：鶴谷邦顕・中村直文、図1）は、石巻赤十字病院の医師たちの活動を通して、東日本大震災の過酷さに迫った貴重なレポートである。災害医療の現場を定点観測

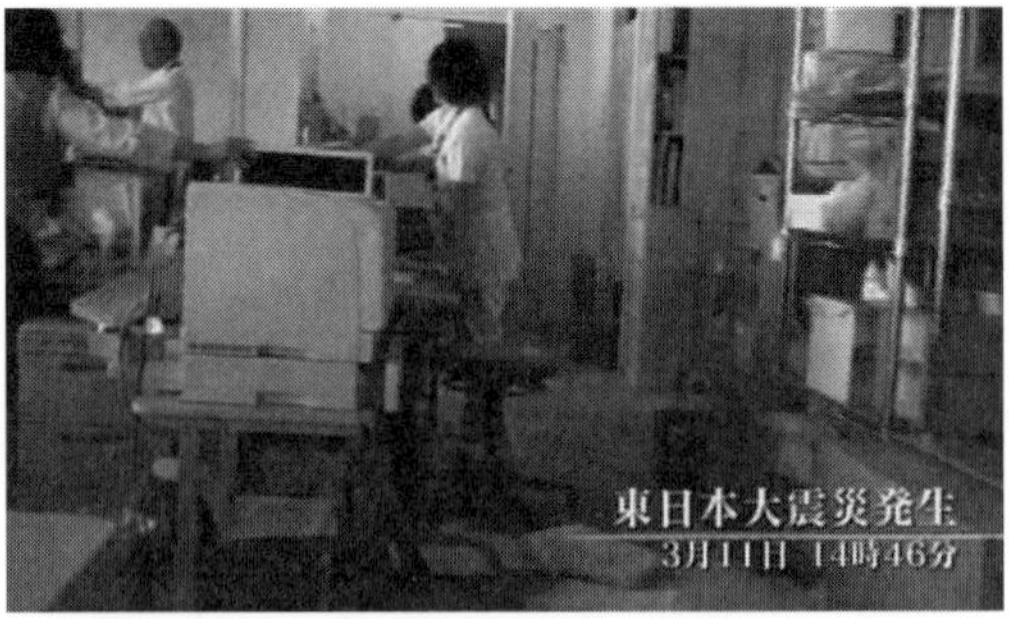

図1『果てなき苦闘　巨大津波　医師たちの記録』

するという方法で、この歴史的な大災害を記録しようとした制作者の着眼点が光る。

この番組は、地震発生直後の病院内の様子をホームムービーで撮影した映像からスタートする。驚くべき冷静さで災害対策本部を立ち上げ、トリアージの準備をして待機する医療スタッフたち。しかし意外なことに患者はなかなかやってこない。実はそのときすでに予想もしない大津波が町を襲っていた。宮城県石巻市はこの大津波で、役所や医療機関など町の中枢機能の大半を失った。辛うじて被災を免れた石巻赤十字病院には、その後多くの患者が運び込まれ、野戦病院のようになっていく。

溢れる患者の治療、重傷者の搬送手配、本来なら行政が行うべき避難所の実態調査や食糧確保、給水装置作りまで、カメラはその一つひとつの過程を冷静に記録していく。災害時に備えて十分な訓練を積んでいたはずの医師たちにとっても、東日本大震災はマニュアルを超えた想定外の事態の連続だった。石巻赤十字病院の医師で、この災害医療の陣頭指揮にあたった石井正、救急医療の最前線で活躍した小林道生の二人は揃ってこう言う。「災害対応にマニュアルはない。今できることを一つひとつその場その場で考えてやっていくしかない」。

図2 『浪江町警戒区域〜福島第一原発 20 キロ圏内の記録〜』

これはテレビの取材にもそのまま当てはまる言葉だろう。取材者にとっても大災害の現場は想定外の事態の連続だったに違いない。すべてを想定しようとすると、想定外の事態に対応できなくなる。いま目の前で起こっていることを現在進行形で記録していくしかない。地震発生からわずか三日後に取材に入ったこの番組の制作スタッフは、医療スタッフと同様に三ヵ月間不眠不休で取材を続けた。長期間にわたって現場に密着しながら、刻々と移り変わっていく現実をカメラで見つめ続けた。結果としてこの番組は、この大震災の過酷さを克明に記録した一級のレポートとなった。

また『浪江町警戒区域〜福島第一原発20キロ圏内の記録〜』（NHK、二〇一一年五月一四日、撮影・編集・構成：福島広明、図2）も忘れがたい番組である。福島第一原子力発電所の事故では、放射性物質が外部に拡散し、近隣住民は広範囲にわたって避難を強いられた。原子力発電所の周辺でいったい何が起こっているのか。この番組は、その現場にいち早くカメラを持ち込み、その異様な光景を圧倒的な臨場感で記録した。(3)

番組は、原発事故の影響で立ち入り禁止となった福島県浪江町の警戒区域内に、取材者が特別の許可を得て入るところからはじまる。取材者は浪江町安否確認担当の渡邉文星らと一緒に警戒区域を歩きながら、ハンディカメラでその一部始終を撮影していく。防護服を着た渡邉らの肩越しに、三月一一日の地震・津波によって襲われたままゴーストタウンと化した風景が広がる。地元の請戸地区を隅々までよく知る渡邉らとのやりとりが、かつてそこに人々の普通の暮らしがあったことを想像させる。音楽やコメントは一切なく、風の音や取材者の息づかいなど、現場音だけが聞こえる。画面にはテロップとどこを歩いているのかを示す地図だけが簡潔に表示される。

この番組の撮影・編集・構成をたったひとりで担当したのがプロデューサーの福島広明である。福島によれば、彼がこの取材に入ったのは、町が警戒区域に指定された二日後のことだった。原発事故後、浪江町の住民は着の身着のままで避難を余儀なくされた。当初、行方不明者の捜索もできず、自分の家がどうなっているかも見に行くことができなかった。福島は、避難している浪江町の住民に自分たちの住んでいた場所がいまどうなっているかを知らせるために、この番組を制作したという。そのため、この番組は最初に福島県内向けにローカル放送された[4]。

そうした制作の経緯もあって、この番組には一つひとつの固有の土地や建物が丁寧に記録されている。それは、一般の視聴者向けに手際よく編集され、「被災地」として類型化・同質化された風景とは全く異なるものだ。ロードムービーのようにただゆっくりと町を歩いていくだけの番組だが、かえって失われたものの大きさや位置関係、その場所の記憶が、圧倒的な臨場感とともに、身体感覚で伝わってくる。福島がこの撮影で被ばくした線量は一一七マイクロシーベルト。原子力災害の異様さ、故郷を奪われた住民たちの思いが伝わってくる渾身の記録である。

ここで紹介した二つの番組をはじめ、東日本大震災では未曾有の大災害の実態を記録し、伝えようと多くのドキュメンタリー番組が作られた。歴史を記録し、伝えるのはジャーナリズムの重要な使命のひとつである。災害の現場に入り込み、次々に現れる想定外の事態にカメラとマイクを通してどこまで迫ることができるか。テレビの記録する力がこれほど試された災害はかつてなかったと言えるだろう。

3　記者たちの戸惑い

一方で、東日本大震災は、取材をする側にとっても過酷な経験だった。記者やカメラマンのなかには家族・親族・友人を失った者や、自宅を流された者もいた。彼らもまた被災の当事者であった。また被災地取材で自問自答する取材者も少なくなかった。凄惨な現場に足を踏み入れ、被災した人々にカメラやマイクを向けるなかで、悲しみや怒り、驚きや戸惑いなど、様々な感情に襲われたことだろう。取材者も一人の人間である。東日本大震災では、そのような取材する側の姿を通して、震災の過酷さを伝えようとする番組も数多くあった。

ここではその代表的な番組のひとつとして、テレメンタリー'11『津波を撮ったカメラマン〜生と死を見つめた49日間〜』（KHB東日本放送、二〇一一年六月六日、ディレクター：小原啓、プロデューサー：加藤東興、図3）を取り上げたい。この番組の主人公は、東日本放送気仙沼支局の駐在カメラマン、千葉顕一である。気仙沼市出身の彼は、二〇年あまり、この場所で報道カメラマンを続けてきた。

番組では千葉が被災地を撮影する姿とともに、彼の抱える葛藤や戸惑いが率直に描かれる。彼は自宅を流され、家族の安否も確認できない状況で、生まれ育った町を大津波が襲う一部始終を撮影した。その映像は国内のみならず海外にも配信された。しかし、そうした報道カメラマンとしての使命感の一方で、撮影を中断すべきでないかという思いに引き裂かれたという。「周辺から叫び声だったり、いろん

図3『津波を撮ったカメラマン〜生と死を見つめた49日間〜』

な声が聞こえてくるんです。そういう場面を見てて、通常の取材をしている場合じゃないだろうっていう」。

また彼は人々の悲しみや苦しみにどう向き合えばいいのか戸惑いを感じるとも告白する。「取材してますと、人々の悲しみだとか思いだとかっていうのを常に私も重ねてしまいますので、いろんなことを気遣ってしまって、逆に何を質問したらいいのか、何をインタビューしたらいいのかっていうのがわかんなくなってしまう」。印象的なのは、避難所で生活する人々を取材する場面だ。インタビュー中に、千葉はその場に座り込み、肩に担いでいたカメラを一旦下ろして、相手の言葉に耳を傾けはじめる。「ただ聞くだけ、それもいいのかなと思う」。この番組は、取材者の葛藤や戸惑いそれ自体が、震災のひとつの貴重な記録になり得ることを教えてくれる。

同様に、取材する側に焦点をあてた番組として異彩を放ったのが、報道の魂『オムニバス・ドキュメンタリー「3・11大震災　記者たちの眼差し」』（TBS、二〇一一年六月五日、構成：秋山浩之、番組統括：岩城浩幸、図4）である。東日本大震災では発災直後から、テレビは全国各地の系列局の記者やカメラマンを応援のため被災地に送り込み、前例のない特別報道態勢を敷いた。その過程で、記者たちは何を考え、どう感じたのか。この番組は、JNN各局の記者たち

図4 『3・11大震災　記者たちの眼差し』

がその思いを一人称で綴った各八分のレポートをつなぎあわせたオムニバス・ドキュメンタリーである[5]。

続編も含めたこのシリーズ（二〇一一年六月・九月・一二月、二〇一二年四月の全四回）では、津波に遭遇し必死に逃げ延びた記者、生まれ育った町が大津波に飲み込まれる様子を撮影したカメラマン、取材中に泣いてしまった記者、遺体を見つけて動揺する記者、地方から駆けつけた記者、被災地との距離感を告白する記者などが次々に登場し、それぞれの視点で震災を伝えようとする。被災地を目の当たりにした記者個人の悲しみや憤り、驚きや戸惑いなどが、率直に表現されると同時に、それらが並列されることによって、被災地の現状が多面的に描かれる。

構成した秋山浩之によれば、この番組は二つの思い込みとの闘いだったという。第一に「記者は客観的でなければならない」という思い込み。第二に「記者は強くなければならない」という思い込み。これまでの報道では、事実を正確に伝えるために、記者個人の感情は排除しなければならないと考えられてきた。また記者は毅然と対象に向き合い、内面の弱さや迷いを吐露してはいけないとも考えられてきた。しかし、権力者など自分より強い者に向かっていく場合ならともかく、被災地に立ち、被災した人々と向き合う際にまで、記者は強がる必要はないのではないか、むしろ人間らしくあっていいのではないかという。[6]

ジャーナリズムのあるべき姿とは何か。ジャーナリストはどこまで客観的であるべきか。一人ひとりの記者が大震災をどう受け止め、いかに表現するのか。多くの記者やカメラマンが、自分の職業規範や報道姿勢を見つめ直すことを迫られた。東日本大震災は、それを取材し、伝える側にも、大きな問いを投げかけたことがわかる。

4　被災者に寄り添う

また東日本大震災の報道では、「被災者に寄り添う」という声がよく聞かれた。ジャーナリズムの役割は権力の批判や監視だけではない。人々の苦しみや悲しみに共感し、積極的に支援することも、時にはジャーナリズムの重要な役割のひとつとなる。実際、東日本大震災では、日本テレビ系列のNNNドキュメント『3・11大震災』シリーズ（章末の別表を参照）、テレビ朝日系列のテレメンタリー『3・11を忘れない』シリーズ（章末の別表を参照）、NHKの『再起への記録』シリーズをはじめ、被災した人々に密着したドキュメンタリー番組が数多く作られた。

東日本大震災は人々をどれほどの困難に追い込んだのか。被災した人々は、苦しみや悲しみをいかに乗り越え、復興に向けて歩みだそうとしているのか。絶望的な状況に直面しながらも、少しずつ立ち上がっていく人々の姿を、長期間の継続取材によって記録したものとして、ここではNHKスペシャル『孤立集落　どっこい生きる』（NHK、二〇一一年一一月六日、ディレクター：新延明、制作統括：大里智之、図5）を取り上げたい。[7]

図5 『孤立集落　どっこい生きる』

津波で道路が寸断され陸の孤島状態となった宮城県南三陸町（旧歌津町）の馬場中山集落では、高台の小さな集会所に二〇〇人が避難した。この番組は、行政に頼らず、自力で復興に取り組むこの孤立集落の人々の姿を描いている。その中心となったのは「歌津のクラさん」こと漁師の阿部倉善と青年たちである。クラさんたちはガレキが散乱する道を自ら切り開き、救援物資を取りに行く。青年たちは地区の窮状をネットで発信し、全国から次々と支援物資や応援を集める。その後も、尾根に新たな道を通す「未来道プロジェクト」やワカメ漁を復活させる「なじょにかなるさープロジェクト」を立ち上げ、行政の支援が大幅に遅れるなか、自力で復興を進めていく。

不思議なことに、この番組に登場する人々は、悲しみを抱えながらも、どこか明るく元気だ。テレビで「被災者」を取り上げる場合、その悲惨な状況ばかりが強調されてしまいがちだが、この番組はそうした「被災者」のイメージを見事にひっくり返す。想像を絶する困難のもとでも、再び立ち上がっていく人間のたくましさと強さを感じさせる。「どっこい生きる」とはそういうことだ。テレビは「被災者」というステレオタイプなイメージを、被災した人々に知らず知らずのうちに押しつけてはいないか。そんなことを改めて考

図6 『海鳴り　娘よ…今どこに』

えさせる番組だった(8)。

一方で、立ち上がるスピードは人それぞれ違う。直面する困難も千差万別だ。いち早く復興へと一歩を踏み出した人々もいれば、あの日から時間が止まったままの人々もいる。同じ地域に住んでいても、「暗い話はもう見たくない」「うんざりだ」という人もいれば、「被災地の現実はまだそんなに甘くない」と考える人もいる。時間が経つにつれて、被災地と被災地外の格差や温度差だけでなく、被災地のなかでも様々な格差や温度差が生まれていく。力強く立ち上がっていく人々を描く番組がある一方で、こうして取り残された人々の声に耳を傾け、伝えようとするドキュメンタリー番組もあった。

たとえば、NNNドキュメント'11『海鳴り　娘よ…今どこに』（ミヤギテレビ、二〇一一年一二月一一日、ディレクター：菅野元亮、プロデューサー：渡邊司、図6）は、行方不明となった娘の帰りを待ち続けるある夫婦の九カ月を追った番組である。宮城県山元町で内装業を営むこの夫婦は、津波で最愛の一人娘を失った。彼女がアルバイトをしていた近所の自動車学校では、職員と教習生あわせて三六人が犠牲となった。それ以来、自動車学校やその周辺、避難所や遺体安置所など、あらゆる場所を探し続ける日々がはじまる。二〇一一年七月には、山元町の合同慰霊祭に参加するため、娘の死亡届を出したものの、その死を受け入れられないでいる。一〇月には、教習生の遺族らが自動車学校の責任を問う損害賠償請求を起こしたが、娘は学校側の関係者だという理由で遺族会には入れてもらえなかった。そしてある日、月命日に訪れていた自動車学校が何の知らせもないまま突然、取り壊されたことを知る。

この番組の放送時、宮城県内ではまだ二〇〇〇人以上が行方不明のままだった。多くの人々が、家族を失ったやり場のない怒りや、癒えることのない喪失感を抱えていた。この番組は、ある夫婦の姿や思いに密着することを通して、復興とはほど遠い被災地の状況を伝えている。この他にも、水産加工場の再建に苦しむ釜石のある家族や、原発事故の影響で無念の廃業に追い込まれた酪農家など、地元のローカル局が制作したNNNドキュメント『3・11大震災』シリーズや、テレメンタリー『3・11を忘れない』シリーズには、ある個人や家族の人生を通して、大震災の実相を具体的・多面的に描こうとしたものが多い。

復興に向けて歩みはじめた人々の物語と、悲しみに打ちひしがれた人々の物語。そのどちらが正しいということではない。どちらの物語にもそれぞれ被災した人々を勇気づける力や、癒す力が確かにある。一方で、ステレオタイプな「被災者」の物語や、「復興」の物語が、人々を抑圧する場合があることも忘れてはならない。テレビが都合のいい物語を一方的に押しつけるのではなく、被災した人々が自分なりの物語を作り出し、少しずつ起き上がっていく過程を、そばにいながら一緒に見届けていくこと。「被災者に寄り添う」とはそういうことだろう。

5　巨大津波の教訓

震災からしばらく経つと、巨大津波のメカニズムや人々の避難行動を詳細に検証し、後世に教訓として伝えていこうとする番組も数多く作られるようになった。代表的なものとして、『幾年経るとも要心あれ―2011・03・11・東日本大震災―』(IBC岩手放送、二〇一一年五月二八日)、NHKスペシャル『巨大津波　知られざる脅威』(NHK、二〇一一年一〇月二日)、報道の日2011第3部『3・11映像の記録～あの日、何があったのか～』(TBS、二〇一一年一二月二五日)、NHKスペシャル『映像記録3・11　あの日を忘れない』(NHK、二〇一二年三月四日)などが挙げられる。

ここではそのひとつとして『わ・す・れ・な・い　東日本大震災155日の記録』(フジテレビ、二〇一一年八月一一日、チーフディレクター：宮下佐紀子、プロデューサー：大野高義、制作統括：堤康一・味谷和哉、図7)を取り上げたい。この番組は、東日本大震災を撮影した膨大な映像を、テーマ別に時系列に沿って整理し、あのときそれぞれの場所で何が起きていたのかを検証したものである。

圧巻は住民、自治体、報道関係者などが撮影した一九台のカメラ映像を集めて、再編集した「宮古を襲った七四分間の大津波」である。地震発生から二〇分後に岩手県の宮古湾で観測された津波はわずか二〇センチだった。人々が安堵していたこのとき、すでに巨大津波の静かな予兆である引き波がはじまっていた。その約一〇分後、引き波から一転、急激に海面が盛り上がり、宮古港を飲み込んでいく。堤防を越えるまで静かだった津波に人々は気づかなかった。宮古湾の奥まで駆け上がった津波は、そこで

図7　『わ・す・れ・な・い　東日本大震災155日の記録』

跳ね返り、高さを増して逆流する。海の方ばかりを注意していた避難者は後ろから襲ってきた津波に流され亡くなった。こうして様々な角度から撮られた映像を通して、津波の全容を検証しながら、何が人々の生死を分けたのかを明らかにしていく。

東日本大震災では、報道カメラマンやテレビ局の情報カメラ以外に、住民や、自治体、自衛隊などがケータイやビデオカメラで膨大な数の映像を撮影した。巨大津波の襲来を捉えた映像がこれほど大量に撮影された災害はかつてなかった。この番組は、そうした大量の断片的映像を収集し、意味あるものとして再構成することによって、巨大津波のメカニズムに俯瞰的な視点から迫っていく。カメラがあらゆる場所に遍在する現代社会ならではの検証番組と言えるだろう。

またこの震災では、放送以外でも、テレビ局が集めたこうした貴重な震災映像をアーカイブ化し、未来の防災・減災に積極的に役立てようという動きが生まれた。たとえば、NHKはインターネット上に「NHK東日本大震災アーカイブス」[9]を立ち上げ、NHKが持つ震災関連の映像や被災した人々の証言記録を多数公開している。同じくフジテレビ系のFNNも、動画配信サイトのYouTube上に「3・11忘れない　FNN東日本大震災アーカイブ」[10]を開設し、東日本大震災に関連するニュース映像や視聴者提供映像などを積極的に公開している。

この他、宮城県や岩手県のいくつかのローカル局は、震災の記憶を風化させないようにと、地元の震災映像を集めて再編集し、DVD化している（TBC東北放送『東日本大震災の記録～3・11宮城～』、KHB東日本放送『3・11東日本大震災　激震と大津波の記録』、仙台放送『被災地から伝えたい～テレビカメラが見た東日本大震災～』、IBC岩手放送『3・11岩手・大津波の記録～2011東日本大震災～』、岩手朝日テレビ『2011年3月11日～東日本大震災・岩手の記録～』など）。

東日本大震災はビデオカメラがあらゆる場所に存在する現代の情報社会を襲った災害だった。報道関係者はもちろんのこと、住民や自治体などが撮影した多くの映像が残された。これらの映像の一つひとつは断片的なものに過ぎないが、まとまれば今後の防災・減災のための一級の資料となる。東日本大震災を文字どおり「わすれない」ために、撮影・収集した映像を公共財として幅広く公開・活用していくことがテレビにも求められる[11]。

6　原発事故への問い

原発事故報道では、テレビは政府・東京電力の記者会見や保守的な専門家の解説を無批判に垂れ流し、人々が必要とする情報を伝えていなかったとして厳しく批判された[12]。専門的な記者の不足、周辺地域への独自取材の欠如、記者クラブ中心の取材態勢などが、その原因として指摘された。その一方で、原発事故の実態や原因、あるいはその報道姿勢そのものに検証報道や調査報道の手法で斬り込む優れたドキュメンタリー番組も存在した。

図8　『原発水素爆発　わたしたちはどう伝えたのかⅡ』

最初に取り上げるのは『原発水素爆発　わたしたちはどう伝えたのかⅡ』（FCT福島中央テレビ、二〇一一年一二月三一日、図8）である。福島中央テレビは、福島第一原子力発電所の爆発映像（三月一二日午後三時三六分に起きた一号機の水素爆発、一四日午前一一時一分に起きた三号機の水素爆発）を、無人の情報カメラで撮影した唯一の局である。原発近くに設置されていた他局の情報カメラは地震・津波の影響で使用できなかった。この番組は、原発が爆発する決定的瞬間を捉えた同局がこの事故をどう伝えたのか、伝えられなかったのかを自ら検証したものである[13]。

それによると、福島中央テレビの幹部やスタッフは、一号機の爆発映像を見て、ただならぬことが起きたと判断した。そして四分後にはこの映像をローカル放送し、第一報を伝えた。大熊町の町長は避難所でこの映像を見て、事態の深刻さを認識・実感したという。全村避難を決めた川内村の町長も、災害対策本部でこの映像を見たことが、避難を決断するための重要な判断材料となったという。これに対して、政府が正式に一号機の水素爆発を認めたのは、爆発から五時間近くも経った午後八時三〇分過ぎだった。テレビが政府発表に先んじて爆発映像を放送することで、危機的な事態を多くの人々に伝えたことがわかる。

図9 『ネットワークでつくる放射能汚染地図』

一方で、この番組はテレビの原発事故報道が様々な問題を抱えていたことも率直に伝える。たとえば、爆発映像の確認・分析に手間取ったキー局の日本テレビがこの映像を全国放送したのは、発生から一時間一四分も経過した午後四時五〇分だった。[14] また事故後、原則として四〇キロ圏内（後に三〇キロ圏内に見直された）の取材を控えたために、記者たちは本来現場で取材すべきことを電話取材で伝えたり、災害対策本部で発表される情報をそのまま伝えたりしなければならなかったという。放射線に関する専門的知識の不足や、福島の人々がテレビに対して抱いた不信感についても指摘する。テレビは今後の信頼回復のためにも、こうした自己検証をもっと積極的に行わなければならないだろう。

また、原発事故に関する優れた調査報道として特筆すべきなのが、ETV特集『ネットワークでつくる放射能汚染地図〜福島原発事故から2か月〜』（NHK・Eテレ、二〇一一年五月一五日、ディレクター：七沢潔・大森敦郎、制作統括：増田秀樹・原由美子、図9）である。これは、取材班が放射線観測・放射線医学を専門とする科学者たちの草の根のネットワークと連携しながら、原発周辺地域の詳細な放射能汚染地図を作成していく番組である。

取材班は最初の水素爆発が発生した三日後から福島に入り、専門家の木村真三や岡野眞治とともに原発周辺の独自調査を開始した。次々に空間中の放射線量を測定し、土壌汚染を調べるためのサンプルを採取していく。その過程で、ホットスポット（局部的な高濃度汚染地帯）の存在がしだいに明らかになっていく。すでに述べたように、原発事故後、テレビ各社は三〇キロ圏内への立ち入りや取材活動を自主規制した。政府や東京電力の発表以外にほとんど情報がなかった時期に、現地の放射能汚染の実態をこれほど詳細に知らせたことは衝撃だった。生活者や避難者が求める情報を、テレビが独自取材によって届けた画期的な調査報道と言える。

このシリーズはその後もETV特集で六回にわたって放送され、子供たちの内部被ばく、海に流れ出た放射性物質による海洋汚染、半減期の短いヨウ素による初期被ばく、湖や河川の放射能汚染を、独自調査によって次々に明らかにした[15]。このシリーズの第一回を担当したのは、NHKで長年にわたって原発報道に取り組んできた七沢潔である。この番組は、政府や東京電力の発表内容を相対化する独自取材がいかに重要であるかを教えてくれる。と同時に、それを可能にする専門的なジャーナリストの養成がテレビにいかに必要かを改めて痛感させる。

この他、原発事故がなぜ起きてしまったのか、その原因や背景を探ろうとする番組もあった。直接的な事故原因を究明したものとしては、NHKスペシャル『メルトダウン　連鎖の真相』（NHK、二〇一二年七月二一日）などが挙げられる。一方で、その原因や背景に歴史的に迫ったものとして、ETV特集『原発事故への道程　前編　置き去りにされた慎重論』（NHK・Eテレ、二〇一一年九月一八日、ディレクター：松丸慶太、制作統括：増田秀樹、図11）、同『原発事故への道程　後編　そして〝安全神話〟は生まれた』（NHK・Eテレ、二〇一一年九月二五日、ディレクター：森下光泰・松丸慶太、制作統括：増田秀樹、図10）がある。

図 10　『原発事故への道程　前編　置き去りにされた慎重論』

この番組は、原発広報映画や資料映像、録音テープや証言などをもとに、一九五〇年代から七〇年代にかけて日本にどのように原子力発電所が導入されていったのか（前編）、一九七〇年代以降に日本の原発で事故は起きないという「安全神話」がいかに形成されていったのか（後編）を明らかにしていく。驚くべきは、取材班が入手した「原子力政策研究会」の録音テープである。日本の原発を支えてきた研究者、官僚、電力業界の重鎮たちが非公開で重ねたこの会合の録音テープからは、日本への原発の早期導入を国策として進めた国と財界、基礎から研究すべきだとの主張を退けられた科学者、経済性を優先せざるを得なかった電力会社、そしてそれぞれの思惑のなかで原発の安全性が置き去りにされていく過程が浮かび上がってくる。

日本の原発は、当初から国策として強力に推進されてきた。科学ジャーナリストの小出五郎は、この推進の中核を担ってきた「政」（国会議員・地方政治家・有力者）、「官」（経済産業省・文部科学省・裁判所）、「財」（電力会社・原子炉メーカー・関連労働組合）、「学」（学者・研究者）、「報」（発表ニュースに依存するマスメディア）からなる相互補完的な五角形の構造を「原子力村のペンタゴン」と呼ぶ。[16] こうした異論を排除する構造が原発事故の背景にあったことを歴史的な視点

図 11　『行くも地獄戻るも地獄　倉澤治雄が見た原発ゴミ』

から検証することも、原発事故の直接的な事故原因の究明とともに、テレビ・ジャーナリズムの重要な役割のひとつと思われる。

福島第一原発の事故以降、日本の原子力政策は根本的な見直しを迫られている。これから日本の原発をどうしていくのか。テレビも今後、原子力政策の検証を避けて通ることはできないだろう。ここでは最後に、原発から出る「核のゴミ」の問題に斬り込んだ重要な番組として、NNNドキュメント'12『行くも地獄戻るも地獄　倉澤治雄が見た原発ゴミ』（札幌テレビ・日本テレビ・中京テレビ、二〇一二年三月一一日、ディレクター：石本桂一・堀田茂紀・水島宏明、プロデューサー：佐々木律・中保謙・谷原和憲・加藤就一・日笠昭彦、図11）を取り上げたい。

原発から出る放射性廃棄物、いわゆる「核のゴミ」をどう処分するか。この番組は「核のゴミ」の行方を追って、世界各地を訪ね歩いていく。アメリカのスリーマイル島原発事故で溶けた核燃料は、取り出しに一〇年かかった。その残骸は三〇〇〇キロ離れたアイダホ州の広大な施設に運ばれ、事故から三〇年以上が経ったいまも、厳重な管理が続いている。福島第一原発の廃炉はさらに気の遠くなるような作業となることは必至だという。

また取材班は、「核のゴミ」の最終処分地をめぐって揺れるアメリカやドイツ、フランスやモンゴル、青森県六ヶ所村や北海道幌延町を取材し、解決策の見えない各地の現状を伝える。核燃料サイクルに固執する政策をとってきた日本の場合、問題はより深刻だ。青森県六ヶ所村の再処理工場はトラブル続きで本格稼働すらできず、使用済み核燃料の貯蔵施設はすでに飽和状態に近づいている。全国各地の原発の燃料プールには行き場を失った使用済み核燃料がたまり続けている。これらは再処理を行った上で、危険がなくなるまで地下深くに一〇万年以上埋めておかなければならないが、その最終処分場も決まっていない。

これまで「核のゴミ」の問題はずるずると先送りされてきた。この番組は、人類が「核のゴミ」を制御・処分する技術も展望もないまま、原発を推進してきた現実を厳しく告発する。今後、使用済み核燃料をどう扱うのか、再処理政策をどうするのか、最終処分地をどう決めるのか、といった解決策の見えない難題に日本も正面から取り組まなければならない。日本の原子力政策をどうしていくべきなのか。テレビはその行方をしっかりと監視し、尻込みすることなく問い続けていく必要がある。

7　復興への道のり

東日本大震災から一年が過ぎると、全国ニュースでは震災関連の話題はあまり取り上げられなくなり、震災の風化や忘却が急速に進んでいった。しかし、被災地の復興は遅々として進んでいない。ガレキの撤去は遅れ、長い仮設住宅での暮らしを続ける人々は少なくない。住宅や仕事など、被災した人々の生活をどう再建していくのか。そのために必要な産業をどう再生していくのか。さらには高台への移転なども含めて、地域そのものをどう復興させていくのか。多くの課題が山積みのままだ。

図12 『追跡　復興予算19兆円』

こうしたなか、復興に向けた様々な課題を見つめるドキュメンタリー番組も数多く作られた。なかでも、NHKスペシャル『追跡　復興予算19兆円』（NHK仙台・盛岡、二〇一二年九月九日、ディレクター：小林竜夫・池本端・石田望・太田哲朗、制作統括：高山仁・熊田安伸、図12）は、なぜ被災地の復興がなかなか進まないのかを、巨額の復興予算の行方を検証することで明らかにした、優れた調査報道である。

増税を前提に、総額一九兆円にのぼる巨額の復興予算が組まれたにもかかわらず、なぜ被災地にお金が回らないのか。お金はいったいどこに使われているのか。この番組は膨大な予算資料の分析、検証によって、復興予算のカラクリを明らかにしていく。復興予算の執行基準に「活力ある日本全体の再生」という一文をすべりこませたことで各省庁の申請が群がり、岐阜のコンタクトレンズ工場、沖縄の沿岸道路工事、公安調査庁のテロ対策車両、北海道の刑務所の職業訓練等々、多くの復興予算が被災地とは関係のない事業に使われていることを指摘する。

その一方で、被災地では本当に必要なところにお金が回らず、悲鳴があがっている実態も紹介される。岩手県の商店主たちが悲願をかけて申請したグループ補助金による商店街の再建計画は予算不足を理由に見送られる。宮城県で地域医療を担う個人医師たちの診療所再建にも補助金は適用されない。しかも各省庁の官僚たちはそのことを悪びれる様子もない。「復興予算」と明確に銘打たれているはずの税金が、被災地に届かないこの国の仕組みに、多くの人々が驚愕し、怒りを覚えることだろう。

まだまだ被災地の復興には長い道のりが待っている。今後、復興がどのように進んでいくのか。復興がなかなか進まないとすれば、それはなぜなのか。テレビは根気強くそれを見守り、伝え続けていかなければならない。

8 ジャーナリズムの再起動

ここまで数多くのドキュメンタリー番組を紹介しながら、テレビが東日本大震災をどう伝えてきたかを振り返ってきた。そのほとんどは、宮城・岩手・福島のローカル局、あるいは東京のキー局が制作した番組であった。しかし、他の地域がこの大震災を他人事のように眺めていたわけではない。東日本大震災では、被災地以外の放送局でも、数多くの震災関連のドキュメンタリー番組が作られた。最後に、これらの番組についても論じたい。

たとえば、一九九五年に阪神・淡路大震災を経験した大阪の毎日放送は、宮城県南三陸町にじっくりと腰を据えて取材し、映像'12『生き抜く～南三陸町　人々の一年～』（毎日放送、二〇一二年三月一一日、ディレクター：森岡紀人・山口綾野・上野由洋、プロデューサー：井本里士、図13）を制作した。これは後に映画化され、全国公開もされた。

この番組は、被災した人々が懸命に生き抜く姿を、南三陸町の四季の移り変わりとともに描いている。

図13『生き抜く〜南三陸町　人々の一年〜』

悲しみに打ちひしがれた人々、少しずつ前を向きはじめた人々、じっと立ち止まったままの人々、それぞれの姿をカメラは静かに見つめていく。と同時に、随所に挿入される南三陸町の印象的な風景が、それぞれの物語に命を吹き込んでいく。その遠近法が素晴らしい。被災した人々を記録した番組は数多くあるが、町とそこに生きる人々をまるごと対象化しようとしたものは珍しい。おそらく被災地に近過ぎる地元のローカル局では、こうした人（近景）と町（遠景）の描き方はできなかっただろう。

同じく大阪の朝日放送が制作したのが、阪神・淡路大震災の教訓から東北の復興のあり方を問う『復興の狭間で〜神戸　まちづくりの教訓〜』（朝日放送、二〇一二年、ディレクター：西村美智子、制作統括：矢島大介）である。「復興のシンボル」と言われ、高層ビルが建ち並ぶ神戸市長田区の再開発地区。しかし、行政主導で強引に再開発が行われたため、ビルは建ったものの、人通りは途絶え、商店主は多額の借金に苦しんでいる。「震災には勝ったが再開発には負けた」という商店主の言葉がすべてを物語る。番組では、神戸と気仙沼、二つの被災地を往復しながら、復興のまちづくりは誰のためにあるのかと問いかける。これも阪神・淡路大震災を経験した大阪の放送局ならではの視点と言えるだろう。

図14『原発のまちに生まれて〜誘致50年　福井の苦悩〜』

　また、原発が立地する（あるいは立地予定の）地域では、福島第一原発の事故を受けて、原発と地域の関係を改めて問い直す番組が数多く作られた。たとえば、テレメンタリー'11『国策に賭けた町〜原発誘致のジレンマ〜』（山口朝日放送、二〇一一年一一月一四日）、『原発城下町に暮らす』（RKB毎日放送、二〇一一年一二月三〇日）、『検証・伊方原発　問い直される活断層』（ITVあいテレビ、二〇一二年五月七日）、『共生の苦悩〜福島第一原発事故から一年』（福井放送、二〇一二年五月二四日）、『「誘惑の原発マネー」〜佐賀・玄海町　崩れたシナリオ』（九州朝日放送、二〇一二年五月二七日）、FNSドキュメンタリー大賞『原発マネーの幻想〜山口・上関町30年目の静寂〜』（テレビ西日本、二〇一二年六月二七日）などである。

　なかでも『原発のまちに生まれて〜誘致50年　福井の苦悩〜』（福井テレビジョン放送、二〇一二年五月二六日、ディレクター：宮川裕之、プロデューサー：横山康浩、図14）は、福井県の原発立地地域の思いを、地元出身の記者が自分史とも絡めながら、等身大で取材したユニークな番組である。

　全国最多一四基の原発を抱える福井県。この番組では、小さい頃から原発はとくに意識することもない「当たり前の存在」だったという記者の宮川裕之が、なぜ地元に原発ができたのか、家族や地元

図 15『放射線を浴びたX年後　ビキニ水爆実験、そして…』

の人々はいま何を考えているのかを訪ね歩いていく。原発立地の歴史は、戦後の経済成長に取り残された地域の希望の歴史でもあった。また地域住民には戦後日本の発展を電力により支えているという自負もあった。しかし、原発事故後は一転、多額の交付金、原発の危険性、さらに再稼働をめぐって、地元が悪者扱いされる。この番組は、「賛成か反対か」という単純な二項対立に陥ることなく、原発とともに生きていくしかなかった地域住民の歴史と苦悩、その複雑な思いを、地元局ならではの視点で伝えている。

この他、被災地外の放送局には、東日本大震災を自らのこととして受け止めつつ、それぞれの地域が長年にわたって取り組んできた問題を改めて掘り下げようとしたところもある。ここでは、その一例として、NNNドキュメント'12『放射線を浴びたX年後　ビキニ水爆実験、そして…』（南海放送、二〇一二年一月二九日、ディレクター：伊東英朗、プロデューサー：大西康司、図15）を取り上げておこう。この番組も後に映画化され、全国公開された。

この番組は、これまでほとんど知られていなかった「もうひとつのビキニ事件」の実態を明らかにした調査報道である。一九五四年、アメリカが行ったビキニ水爆実験。当時、多くの日本の漁船が同じ海で操業していた。しかし、第五福竜丸以外の被ばくは、人々の記憶からも歴史からも消し去られていった。番組は地元の被災漁民に聞き取りをする高知県の高校教師たちとともに、その衝撃的な事実を一つひとつ明らかにしていく。その過程で、福島原発の事故にも通じる、核をめぐる日本やアメリカの隠蔽体質が浮かび上がってくる。亡くなった船長の妻が最後に語る言葉が印象的だ。「弱いものにしわよせが来るというのはいつの時代も一緒。いつの時代も一緒」。

南海放送(愛媛県)の伊東英朗は、この「もうひとつのビキニ事件」を長年にわたって取材し続けてきた。この番組は、その膨大な取材テープを、震災後にまとめ直したものである。東日本大震災を自らのこととして受け止めたのは、被災地に直接に応援取材に入った記者や、原発を抱える立地地域の記者だけではない。この南海放送の事例は、地域が抱える課題や歴史にしっかりと向き合い、それを継続的に掘り下げることによって、東日本大震災とも通底する普遍的な問題に迫った好例である。

以上、様々な角度から、震災関連のドキュメンタリー番組を見直してきた。震災の過酷さを克明に記録したもの、記者たちの個人的な思いを表現したもの、被災した人々の悲しみや苦しみに寄り添おうとしたもの、膨大な映像を集めて震災の教訓を考えるもの、原発事故の実態や背景に果敢に斬り込むもの、復興の課題や問題点を検証したもの、被災地以外から東日本大震災に向き合ったもの。これらのドキュメンタリー番組を通して、ニュースだけでは見えてこない、テレビ・ジャーナリズムの多様性を明らかにしてきた。

もちろん、この章で震災関連のドキュメンタリー番組をすべて取り上げたわけではない。優れた番組にもかかわらず、紙幅の都合で紹介できなかったものも数多くある。それらはまた別の機会に論じることにしたい。いずれにせよ、二〇一一年から二〇一二年にかけて、テレビが東日本大震災をどう伝えたかということは、後々まで厳しく問われるだろう。この間のドキュメンタリー番組を記録しておくことは、震災の記憶の保存という意味でも、震災報道の記憶の保存という意味でも、重要な意義を持つ。

東日本大震災はテレビにとって大きな試練だった。これまで経験したことのない大災害にどう対応するかをめぐって、テレビはその実力を厳しく試された。大津波からの避難をどう呼びかけるか。被災した人々が求める情報をどう届けていくか。原発事故をどう伝えるか。長期間にわたる復興の過程をどう見守っていくか。東日本大震災をきっかけに寄せられた数多くの意見や批判を、報道関係者はしっかりと受け止め、今後の災害報道のために教訓として活かしていかなければならないだろう。

一方、ここで明らかにしたように、東日本大震災の報道には多くの可能性も宿っていたことを忘れてはならない。この大震災をきっかけに、自分たちの公共的な使命や役割を強く意識し、あるいは見直した報道関係者は少なくない。震災関連のドキュメンタリー番組を論じるなかから浮かび上がってきたのは、被災地で、さらに全国各地でジャーナリズムの精神が次々に再起動していく姿である。確かに、その一つひとつは小さな変化かもしれない。しかし、それらをつなぎあわせていくことができれば、必ずやテレビが未来に向けて再生していくための大きな力になるだろう。

注

(1) テレビに対する批判については、松山秀明「テレビが描いた震災地図」丹羽美之・藤田真文編『メディアが震えた　テレビ・ラジオと東日本大震災』(東京大学出版会、二〇一三年、七五—七八頁)を参照。また福田充はテレビの災害報道における負の側面として、一般的に①センセーショナリズム、②映像優先主義、③集団的過熱報道、④横並び、⑤クローズアップ効果、⑥一過性、⑦報道格差、⑧中央中心主義などの問題点があると指摘している(福田充編『大震災とメディア　東日本大震災の教訓』北樹出版、二〇一二年、三八—四二頁)。

(2) 震災関連のドキュメンタリー番組を部分的に検証したものとして、遠藤薫『メディアは大震災・原発事故を

どう語ったか　報道・ネット・ドキュメンタリーを検証する』（東京電機大学出版局、二〇一二年）がある。
（3）番組制作者の取材記として、福島広明「浪江町警戒区域　福島第一原発二〇キロ圏内の記録」（NHK取材班『あれからの日々を数えて　東日本大震災・一年の記録』大月書店、二〇一二年、三八四―四二六頁）がある。
（4）第三回みんなでテレビを見る会「東日本大震災とテレビ（一）原発震災の現場を歩く」（日時：二〇一二年三月二三日、場所：東京大学本郷キャンパス、主催：東京大学大学院情報学環丹羽研究室）における福島広明の報告より。
（5）番組のDVDブックとして、JNN『オムニバス・ドキュメンタリー　3・11大震災　記者たちの眼差し』（TBSサービス、二〇一二年）がある。
（6）第四回みんなでテレビを見る会「東日本大震災とテレビ（二）記者たちは何を伝えたか」（日時：二〇一二年四月二〇日、場所：東京大学本郷キャンパス、主催：東京大学大学院情報学環丹羽研究室）における秋山浩之の報告より。
（7）番組制作者の取材記として、新延明「孤立集落　どっこい生きる」（NHK東日本大震災プロジェクト『明日へ　東日本大震災　命の記録』NHK出版、二〇一一年、八八―九二頁）がある。
（8）明日へ！再起への記録『豊穣の海よ蘇れ〜宮古・重茂漁協の挑戦〜』（NHK盛岡、二〇一一年九月六日）で、復興に向けて一歩を踏みだした漁師はこう言う。「いつまでも被災者じゃねえのす。復興者だでば復興者。人間って下だけ向いていたってしょうがねえんだから。前に進むことしかできねえから、がんばってやるしかねえのさ」。
（9）NHK東日本大震災アーカイブス、http://www9.nhk.or.jp/311shogen（二〇一九年九月七日閲覧）。
（10）FNN東日本大震災アーカイブ、http://www.youtube.com/user/FNN311（二〇一九年九月七日閲覧）。
（11）震災映像のアーカイブ化はテレビ以外にも様々な形で進行している。独立行政法人防災科学研究所による「311まるごとアーカイブス」、東北大学災害科学国際研究所による「みちのく震録伝」、Yahoo! Japanによる「東日本大震災写真保存プロジェクト」、Googleによる「未来へのキオク」プロジェクトなど。また主な震災関連アーカイブを横断的に検索できるポータルサイトとして「国立国会図書館東日本大震災アーカイブ（ひなぎく）」（http://kn.ndl.go.jp、二〇一九年九月七日閲覧）がある。

(12) 伊藤守『ドキュメント　テレビは原発事故をどう伝えたのか』平凡社、二〇一二年。

(13) FCT福島中央テレビの震災報道への取り組みについては、佐藤崇「原発事故を私たちはどう伝えたか」丹羽美之・藤田真文編『メディアが震えた　テレビ・ラジオと東日本大震災』（東京大学出版会、二〇一三年、二四一―二七六頁）をあわせて参照してほしい。

(14) この経緯の一部については、朝日新聞特別報道部『プロメテウスの罠　明かされなかった福島原発事故の真実』（学研パブリッシング、二〇一二年）でも紹介されている。

(15) 番組スタッフの取材記として、NHKETV特集取材班『ホットスポット　ネットワークでつくる放射能汚染地図』（講談社、二〇一二年）がある。また制作経緯の一部については、朝日新聞特別報道部（前掲書）でも紹介されている。

(16) 小出五郎「『脱・発表報道』を今こそ」『GALAC』二〇一一年一一月号、一二―一七頁。

別表　震災関連の主なドキュメンタリー番組一覧

下記の一覧表の作成にあたっては、各番組の公式ウェブサイトに掲載された情報を参照した（2013年3月末現在）。ここに取り上げたレギュラーのドキュメンタリー番組以外にも、単発で放送された番組、ローカルで放送された番組等が数多くあるが、この一覧表には含まれていない。

■ NHK スペシャル（NHK 総合）

放送日	タイトル
2011/3/13	緊急報告　東北関東大震災
2011/3/20	東北関東大震災から 10 日
2011/3/27	最新報告“命”の物資を被災地へ
2011/4/3	東日本大震災“いのち”をどうつなぐのか～医療現場からの報告～
2011/4/9	東日本大震災 1 か月　第 1 部　福島第一原発　出口は見えるのか
2011/4/9	東日本大震災 1 か月　第 2 部　生活再建に何が必要か
2011/4/23	被災地は訴える～復興への青写真～
2011/5/7	巨大津波“いのち”をどう守るのか
2011/6/5	シリーズ原発危機　第 1 回　事故はなぜ深刻化したのか
2011/6/11	シリーズ東日本大震災　第 1 部　復興はなぜ進まないのか～被災地からの報告～
2011/6/11	シリーズ東日本大震災　第 2 部　“製造業王国”東北は立ち直れるか
2011/7/2	果てなき苦闘　巨大津波　医師たちの記録
2011/7/3	シリーズ原発危機　第 2 回　広がる放射能汚染
2011/7/9	シリーズ原発危機　第 3 回　徹底討論　どうする原発　第一部・第二部
2011/7/10	シリーズ東日本大震災“世界最大”の液状化
2011/7/23	飯館村～人間と放射能の記録～
2011/8/7	シリーズ東日本大震災　東北　夏祭り～鎮魂と絆と～
2011/8/21	新エネルギー覇権争奪戦～日本企業の闘い～
2011/8/27	シリーズ日本新生　第 1 回　どう選ぶ？わたしたちのエネルギー
2011/8/27	シリーズ日本新生　市民討論　どう選ぶ？わたしたちのエネルギー
2011/9/1	巨大津波が都市を襲う～東海・東南海・南海地震～
2011/9/10	シリーズ東日本大震災　追い詰められる被災者
2011/9/11	巨大津波　知られざる脅威
2011/9/23	きこえますか　私たちの歌が～被災地のど自慢～
2011/10/2	巨大津波　その時ひとはどう動いたか
2011/10/9	シリーズ東日本大震災　“帰宅困難　1400 万人”の警告
2011/10/22	シリーズ日本新生　第 2 回　“食の安心”をどう取り戻すか　第一部
2011/10/22	シリーズ日本新生　第 2 回　“食の安心”をどう取り戻すか　第二部　市民討論
2011/11/6	孤立集落　どっこい生きる
2011/11/13	シリーズ東日本大震災　助かった命がなぜ

2011/11/27	シリーズ原発危機　安全神話～当事者が語る事故の深層～
2011/12/11	シリーズ東日本大震災　震災遺児 1500 人
2011/12/17	シリーズ日本新生　第 3 回　激論“増税”　税から考える　日本のかたち
2011/12/18	シリーズ原発危機　メルトダウン～福島第一原発　あのとき何が～
2011/12/27	原発事故　謎は解明されたのか
2012/1/7	シリーズ東日本大震災　“震災失業”12 万人の危機
2012/1/9	プロジェクト JAPAN　最終章　日本復興のために
2012/1/15	シリーズ原発危機　知られざる放射能汚染～海からの緊急報告～
2012/1/17	阪神・淡路大震災 17 年　東北復興を支えたい～“後悔”を胸に～
2012/1/21	シリーズ日本新生　生み出せ！“危機の時代”のリーダー
2012/2/11	シリーズ東日本大震災　“魚の町”は守れるか～ある信用金庫の 200 日～
2012/3/3	原発事故　100 時間の記録
2012/3/4	映像記録 3.11 あの日を忘れない
2012/3/5	3.11 あの日から 1 年　38 分間～巨大津波　いのちの記録～
2012/3/6	3.11 あの日から 1 年　気仙沼　人情商店街
2012/3/7	3.11 あの日から 1 年　仮説住宅の冬～いのちと向き合う日々～
2012/3/8	3.11 あの日から 1 年　調査報告　原発マネー～“3 兆円”は地域をどう変えたか～
2012/3/9	3.11 あの日から 1 年　南相馬～原発最前線の街で生きる～
2012/3/10	シリーズ東日本大震災　もっと高いところへ～高台移転　南三陸町の苦闘～
2012/3/11	“同日同時刻”生中継　被災地の夜
2012/3/22	放送記念日特集　NHK と東日本大震災　より多くの命を守るために
2012/3/24	故郷か移住か～原発避難者たちの決断～
2012/4/1	MEGAQUAKE II　巨大地震　第 1 回　いま日本の地下で何が起きているのか
2012/4/8	MEGAQUAKE II　巨大地震　第 2 回　津波はどこまで巨大化するのか
2012/4/21	シリーズ東日本大震災　生中継　樹齢千年　滝桜
2012/5/5	震災を生きる子どもたち　21 人の輪
2012/5/6	震災を生きる子どもたち　ガレキの町の小さな一歩
2012/5/19	シリーズ東日本大震災　原発の安全とは何か～模索する世界と日本～
2012/6/2	イナサがまた吹く日～風　寄せる集落に生きる～
2012/6/9	MEGAQUAKE II　巨大地震　第 3 回　“大変動期”最悪のシナリオに備えろ
2012/7/7	シリーズ東日本大震災　がれき“2000 万トン”の衝撃
2012/7/14	激論！ニッポンのエネルギー
2012/7/21	メルトダウン　連鎖の真相
2012/7/24	原発事故調　最終報告～解明された謎　残された課題～
2012/8/17	最後の笑顔～納棺師が描いた　東日本大震災～

2012/9/1	釜石の“奇跡” いのちを守る 特別授業
2012/9/1	シリーズ日本新生 “死者32万人”の衝撃 巨大津波から命をどう守るのか
2012/9/2	崩れる大地 日本列島を襲う豪雨と地震
2012/9/9	シリーズ東日本大震災 追跡 復興予算19兆円
2012/10/7	シリーズ東日本大震災 除染 そして、イグネは切り倒された
2012/11/23	シリーズ東日本大震災 “帰村” 村長奮闘す～福島・川内村の8か月～
2012/12/8	シリーズ東日本大震災 救えなかった命～双葉病院 50人の死～
2013/1/12	シリーズ東日本大震災 空白の初期被ばく～消えたヨウ素131を追う～
2013/2/10	“核のゴミ”はどこへ～検証・使用済み核燃料～
2013/2/16	シリーズ日本新生 どうするエネルギー政策
2013/3/3	“いのちの記録”を未来へ～震災ビッグデータ～
2013/3/7	3.11あの日から2年 何が命をつないだのか～発掘記録・知られざる救出劇～
2013/3/8	3.11あの日から2年 わが子へ～大川小学校 遺族たちの2年～
2013/3/9	3.11あの日から2年 福島のいまを知っていますか
2013/3/10	3.11あの日から2年 メルトダウン 原子炉“冷却”の死角
2013/3/11	3.11あの日から2年 シリーズ東日本大震災 故郷を取り戻すために～3年目への課題～

■ETV特集（NHK・Eテレ）

放送日	タイトル
2011/4/3	原発災害の地にて
2011/4/10	“医療崩壊”地帯を大地震が襲った
2011/4/24	福祉の真価が問われている～障害者 震災1か月の記録～
2011/5/15	ネットワークでつくる放射能汚染地図～福島原発事故から2か月～
2011/5/29	細野晴臣 音楽の軌跡～ミュージシャンが向き合った「3.11」～
2011/6/5	続報 ネットワークでつくる放射能汚染地図
2011/6/12	今こそ、力を束ねるとき～神戸発・災害ボランティアの記録～
2011/7/3	大江健三郎 大石又七 核をめぐる対話
2011/7/31	失われた3万冊のカルテ～陸前高田市・ゼロからの医療再生～
2011/8/14	アメリカから見た福島原発事故
2011/8/28	ネットワークでつくる放射能汚染地図3 子どもたちを被ばくから守るために
2011/9/18	シリーズ 原発事故への道程 前編 置き去りにされた慎重論
2011/9/25	シリーズ 原発事故への道程 後編 そして“安全神話”は生まれた
2011/10/9	希望をフクシマの地から～プロジェクトFUKUSHIMA!の挑戦
2011/10/30	果たしなき除染～南相馬市からの報告～
2011/11/27	ネットワークでつくる放射能汚染地図4 海のホットスポットを追う
2011/12/4	原発事故に立ち向かうコメ農家

2011/12/11	シリーズ　大震災発掘　第1回　埋もれた報告
2011/12/25	シリーズ　大震災発掘　第2回　巨大津波　新たなる脅威
2012/2/12	坂本龍一　フォレストシンフォニー　森の生命の交響曲
2012/3/4	海辺の町に生き続ける～南三陸町の一年～
2012/3/11	ネットワークでつくる放射能汚染地図5　埋もれた初期被ばくを追え
2012/3/18	生き残った日本人へ—高村薫 復興を問う—
2012/4/8	気仙沼の人びと　2009-2012
2012/4/15	失われた言葉をさがして　辺見庸　ある死刑囚との対話
2012/4/22	誰に託す　医のバトン～岩手・高田病院再建への一年～
2012/4/29	世界から見た福島原発事故
2012/5/20	除染と避難のはざまで～父親たちの250日～
2012/6/10	ネットワークでつくる放射能汚染地図6　川で何がおきているのか
2012/6/17	“不滅”のプロジェクト～核燃料サイクルの道程～
2012/6/24	飯館村 一年～人間と放射能の記録～
2012/7/15	復興を誓う　命のダンス
2012/8/5	福島のメル友へ　長崎の被爆者より
2012/8/19	ルポ 原発作業員～福島原発事故・2年目の夏～
2012/9/16	シリーズ　チェルノブイリ原発事故・汚染地帯からの報告「第1回　ベラルーシの苦悩」
2012/9/23	シリーズ　チェルノブイリ原発事故・汚染地帯からの報告「第2回　ウクライナは訴える」
2012/9/30	映画にできること　園子温と大震災
2012/10/7	わがまちに医師を～地域医療と霞ヶ関の半世紀～
2012/10/21	今よみがえる方丈記～日本最古の災害ルポルタージュを読む～
2012/10/28	被災農家を救え　若きビジネスマンが挑んだ農業再生550日
2012/12/23	届け！！！～ハイ・スタンダード　東北へのエール～
2013/3/10	何が書かれなかったのか～政府原発事故調査～

■NNNドキュメント　シリーズ『3・11大震災』(日本テレビ系)

放送日	タイトル	制作局
2011/3/20	シリーズ1　東日本大地震　発生から10日　被災者は今…	日本テレビ
2011/4/10	シリーズ2　大震災から1か月　津波にのまれた女将	テレビ岩手
2011/4/24	シリーズ3　それでも生きる　大震災…終わらない日々	テレビ岩手／ミヤギテレビ／福島中央テレビ／日本テレビ
2011/5/22	シリーズ4　家族を守れ神様のバス	日本テレビ
2011/6/12	シリーズ5　がんばれ！三鉄	テレビ岩手
2011/6/19	シリーズ6　原発爆発　安全神話はなぜ崩れたか	日本テレビ

2011/6/26	シリーズ7　大地のリレー　“被災地”に移住する若者たち	テレビ新潟
2011/7/3	シリーズ8　一歩だけ、前に―届け　祈りの歌声―	日本テレビ
2011/7/10	シリーズ9　わたしたち環境防災科～震災を語り継ぐ高校生～	読売テレビ
2011/7/24	シリーズ10　津波てんでんこ～三陸・奥尻からの教訓～	札幌テレビ／テレビ岩手
2011/7/31	シリーズ11　原発が壊した牛の村～飯舘へ　いつか還る日まで～	福島中央テレビ
2011/8/21	シリーズ12　天国のママへ　届け、いのちの鼓動	ミヤギテレビ
2011/8/28	シリーズ13　かまぼこ板の絵2万枚～刻まれた震災と絆～	南海放送
2011/9/4	シリーズ14　ひまわりの咲いた夏～大川小・津波に消えた命～	ミヤギテレビ
2011/9/11	シリーズ15　つなぐ。命を未来へ…～医師たちの6か月～	日本テレビ／読売テレビ
2011/10/2	シリーズ16　手話で伝えた被災地～心の壁を越えて～	静岡第一テレビ
2011/10/22	NNNドキュメント・スペシャル　3・11大震災　シリーズ17　在住カメラマンが見つめ続けたFUKUSHIMA	日本テレビ
2011/10/30	シリーズ18　遠き故郷～フクシマから逃れた200日～	福井放送
2011/11/13	シリーズ19　シャッターに祈りをこめて　売れっ子写真家が写した被災地	日本テレビ
2011/11/20	シリーズ20　セシウムと子どもたち　立ちはだかる“除染の壁”	福島中央テレビ／日本テレビ
2011/11/27	シリーズ21　おとうの船　置き去りにされた20キロ圏	山形放送
2011/12/4	シリーズ22　遠きこころの復興　見えない傷を抱えて	日本テレビ
2011/12/11	シリーズ23　海鳴り　娘よ…今どこに	ミヤギテレビ
2011/12/18	シリーズ24　汚された土　俺のお歳暮も賠償してくれるの？	山形放送
2011/12/25	シリーズ25　聖なる夜と放射線　この子の未来を祈る	福島中央テレビ／日本テレビ／福井放送
2012/1/22	シリーズ26　生かされた命　阪神・淡路から東日本へ	読売テレビ
2012/1/29	シリーズ27　放射線を浴びたX年後　ビキニ水爆実験、そして…	南海放送
2012/2/12	シリーズ28　お母さん、わたし子供が産めるの　～原発事故と祈り～	日本テレビ
2012/3/4	シリーズ29　九死に一生を得たけれど…　水産加工業の憂鬱	テレビ岩手
2012/3/11	シリーズ30　行くも地獄戻るも地獄　倉澤治雄が見た原発ゴミ	札幌テレビ／日本テレビ／中京テレビ
2012/3/18	シリーズ31　きっと会えるから…　～大川小遺族の1年～	ミヤギテレビ
2012/4/29	シリーズ32　被災地に咲いた言葉　～子供たちの思いを詩に～	熊本県民テレビ
2012/6/17	シリーズ33　海は死んだのか　～福島の漁師　親と子の選択～	福島中央テレビ
2012/6/24	シリーズ34　海に生きる　三陸の漁師は今…	テレビ岩手／ミヤギテレビ

2012/7/22	シリーズ35　分断された故郷　〜放射能が降った村の500日〜	日本テレビ
2012/8/12	シリーズ36　除染の島へ　故郷を追われた27年	広島テレビ
2012/8/19	シリーズ37　祭りのあと…　相馬野馬追から明日へ	福島中央テレビ
2012/9/9	シリーズ38　おかえりが言えるまで	ミヤギテレビ
2012/12/23	シリーズ39　遠きフクシマの故郷　〜さまよえる家族たち〜	福島中央テレビ／中京テレビ
2013/1/27	シリーズ40　活断層と原発、そして廃炉　アメリカ、ドイツ、日本の選択	日本テレビ
2013/2/3	シリーズ41　今、伝えたいこと（仮）福島・女子高生の叫び	福島中央テレビ
2013/3/10	シリーズ42　命の砦…災害医療　石巻市立病院の教訓	日本テレビ
2013/3/17	シリーズ43　10年後のボクらは…　震災を生きる高校生たち	テレビ岩手／ミヤギテレビ／福島中央テレビ

■テレメンタリー　シリーズ『"3.11"を忘れない』（テレビ朝日系）

放送日	タイトル	制作局
2011/4/25	シリーズ1　続・命てんでんこ〜津波と歩んだ人生〜	岩手朝日テレビ
2011/5/16	シリーズ2　家族を見つけたい〜原発30 km圏内の捜索〜	福島放送
2011/6/6	シリーズ3　津波を撮ったカメラマン	東日本放送
2011/6/20	シリーズ4　生と死をみつめて	朝日放送／九州朝日放送
2011/7/11	シリーズ5　酪農家の涙〜飯舘村計画的避難〜	福島放送
2011/7/25	シリーズ6　古文書が語る巨大津波	朝日放送
2011/8/1	シリーズ7　走れ！三鉄	北海道テレビ
2011/8/8	シリーズ8　ナインの誓い〜岩手・高田高校野球部の夏〜	岩手朝日テレビ
2011/8/22	シリーズ9　きぼうの水族館　復興に挑んだ飼育員	福島放送
2011/9/5	シリーズ10　思い出がつなぐ記憶	東日本放送
2011/9/19	シリーズ11　世界に届け　被災地の声	長崎文化放送
2011/10/10	シリーズ12　故郷に生きる〜陸前高田・八木澤商店200日の闘い〜	岩手朝日テレビ
2011/10/17	シリーズ13　負げでたまっか！〜復活にかける塩竈の男たち〜	東日本放送
2011/11/7	シリーズ14　母親たちの選択　放射線に引き裂かれた暮らし	福島放送
2011/11/14	シリーズ15　国策に賭けた町〜原発誘致のジレンマ〜	山口朝日放送
2011/12/28	テレメンタリースペシャル　"3.11"を忘れない　第一部〈第一章　生と死を見つめて〉〈第二章　放射能の爪あと〉	ANN 24局共同制作
2011/12/29	テレメンタリースペシャル　"3.11"を忘れない　第二部〈第三章　復興への槌音〉〈第四章　希望の灯火〉	ANN 24局共同制作
2012/1/9	シリーズ16　針路なき除染	福島放送

2012/3/5	シリーズ 17　見えない被曝～広島から福島へ～	名古屋テレビ放送
2012/3/12	シリーズ 18　もう一つの被災地　栄村～豪雪地の 365 日～	長野朝日放送
2012/3/19	シリーズ 19　よみがえれ！わかめの島	テレビ朝日
2012/3/26	シリーズ 20　闘う先生	福島放送
2012/4/2	シリーズ 21　よみがえれ！荒波に眠る宝もの	テレビ朝日
2012/4/9	シリーズ 22　ココロのトケイ～帰らぬ妻 残された夫 教師として～	北海道テレビ放送
2012/4/16	シリーズ 23　卒業～被災した球児の 1 年～	岩手朝日テレビ
2012/7/16	シリーズ 24　警戒区域で生きる	福島放送
2012/9/11	シリーズ 25　さくら、ありがとう	岩手朝日テレビ
2012/10/29	シリーズ 26　命と絆をつなぐ～石巻・仮設診療所の 1 年～	東日本放送
2012/11/5	シリーズ 27　封印された「メルトダウン」～男は「真実」と消えた	テレビ朝日
2012/12/17	シリーズ 28　負けるもんか！家族の絆で	青森朝日放送
2012/12/29	テレメンタリースペシャル　明日への教訓～広島・チェルノブイリから福島へ～	ANN 24 局共同制作
2013/2/18	シリーズ 29　ボランティアが見た南相馬	福島放送
2013/3/11	シリーズ 30　福島を耕す	福島放送
2013/3/18	シリーズ 31　原発に一番近い教会	大分朝日放送
2013/3/25	シリーズ 32　3 人で生きる～震災孤児　兄弟が歩んだ 732 日～	東日本放送

■ **JNN ルポルタージュ　報道の魂（TBS 系）**

放送日	タイトル	制作局
2011/6/5	オムニバス・ドキュメンタリー「3・11 大震災　記者たちの眼差し」	JNN 各局
2011/6/19	海の男たちの誓い～津波被害からの再出発	TBC 東北放送
2011/9/4	その日のあとで～フクシマとチェルノブイリの今～	MBS 毎日放送
2011/9/10	オムニバス・ドキュメンタリー「3・11 大震災　記者たちの眼差しⅡ」	JNN 各局
2011/9/18	石巻の空にもう一度花火を	TBS テレビ
2011/12/18	オムニバス・ドキュメンタリー「3・11 大震災　記者たちの眼差しⅢ」	JNN 各局
2012/3/4	おばあちゃんの恩人	TBC 東北放送
2012/4/1	オムニバス・ドキュメンタリー「3・11 大震災　記者たちの眼差しⅣ」	JNN 各局
2012/5/7	検証・伊方原発　問い直される活断層	ITV あいテレビ
2012/5/20	津波の語り部となった町内会長	TBS テレビ
2012/7/15	漂流する絆～震災がれきの行く先～	SBS 静岡放送
2012/10/7	がん闘病中に原発事故　詩と詞で伝える“いのちの輝き”	テレビユー福島
2012/10/21	私は生きている	TBS テレビ
2012/11/18	震災がれき受け入れに揺れた街～北九州市の被災地支援～	RKB 毎日放送
2013/2/3	それでも希望のタネをまく～福島農家 2 年めの試練～	テレビユー福島

2013/3/4	100人の母たち	RKB毎日放送

■日経スペシャル　ガイアの夜明け　シリーズ『復興への道』（テレビ東京系）

放送日	タイトル
2011/3/29	シリーズ1　ライフラインを守れ！～震災支援19日間の総力戦～
2011/4/12	シリーズ2　あなたの善意　その行方～企業と個人　手を差し伸べた30日間～
2011/4/19	シリーズ3　原発に立ち向かう～ニッポンの技術と家族の絆～
2011/4/26	シリーズ4　リサイクルの底力～テレビ、がれき…問われる真価～
2011/5/24	シリーズ5　法的トラブルを解決せよ
2011/5/31	シリーズ6　仮設住宅　7万戸の真実
2011/6/14	シリーズ7　原発危機に立ち向かう ～密着・現場の90日～
2011/6/21	シリーズ8　働く希望を！～"震災失業"を突破する働き方～
2011/6/28	シリーズ9　甦れ！三陸漁業～カツオ船団と 漁師たちの決断～
2011/7/5	シリーズ10　あなたの善意　その後 ～支援に動いた　個人と企業のこれから～
2011/8/2	シリーズ11　走れ！俺たちの鉄道
2011/9/6	シリーズ12　福島を生きる
2012/3/6	復興への道
2013/2/26	シリーズ14　ふるさとを失って…～原発から8キロ　地元人気店の2年間～
2013/3/5	シリーズ15　甦れ！三陸の水産業～漁師と企業の新たな挑戦～

■FNSドキュメンタリー大賞（フジテレビ系）

放送日	タイトル	制作局
2011/6/15	東北の富山　東日本大震災2か月の記録	富山テレビ放送
2011/8/30	おはぎ、あきない、おそうざい　秋保で出会った"生き方"	仙台放送
2011/8/30	父へ　父として	福島テレビ
2011/10/11	浜からの証言～2011.3.11. 東日本大震災～	岩手めんこいテレビ
2011/10/16	3.11　あの時、情報は届かなかった	フジテレビ
2012/5/23	遠き故郷—南相馬から神戸へ…ある家族の一年—	関西テレビ
2012/5/30	生まれ来る子ども達のために	福島テレビ
2012/6/1	夢の始まり～甘くてしょっぱいかりんとう人生～	山陰中央テレビ
2012/6/27	原発マネーの幻想～山口・上関町30年目の静寂～	テレビ西日本
2012/8/28	ちいさな雪だるま～3.11悲しみを抱えた親たちの日々～	岩手めんこいテレビ
2012/8/29	海は"復興"しますか～宮城・浜の未来～	仙台放送
2012/9/12	原発のまちに生まれて～誘致50年　福井の苦悩～	福井テレビジョン放送
2012/10/30	大災害時のリーダーシップ～沖縄で神様と呼ばれた男・十一代齋藤用之助～	サガテレビ

あとがき

思ったより長い時間がかかってしまった。過去に放送されたテレビ番組の面白さに魅了されて二〇年あまり。これまで数え切れないほどたくさんの番組に出合ってきた。見れば見るほど、知らないことだらけ。芋づる式に興味が広がっていった。番組を見て、驚いたり、笑ったり、怒ったり、哀しんだり……。気がつけば、その豊かな世界から抜け出せなくなっていた。ずいぶんと遠回りをしたが、曲がりなりにもその歴史を一冊の書物にまとめることができて、今はほっと胸を撫でおろしている。

一九七〇年代生まれの私は、アーカイブを使ってテレビ研究をはじめた最初の世代にあたる。私より上の世代は、テレビの発展とともに育ち、同時代のメディアとしてテレビを研究してきた。私は完全に遅れてやってきた世代だった。私が大学院生の頃、テレビを研究しようとする人はほとんどいなかった。インターネットやケータイの登場で、テレビはオールド・メディアとみなされつつあった。しかし、見方を変えれば、それはテレビが歴史の対象となる時代がようやくやってきたということでもある。実際、過去の番組は宝の山だった。テレビ・アーカイブへの関心が私の中でむくむくと大きくなっていった。

とはいえ、私がテレビ研究を始めた一九九〇年代後半は、まだテレビ・アーカイブは十分に整備されていなかった。横浜のみなとみらい地区にオープンしたばかりの放送ライブラリーは、テント小屋のような仮施設で運営されていた。NHKアーカイブスはまだ設立すらされていなかった。愛宕山にあるNHK放送博物館に連日のように通い詰め、通路の一角に設置されていた、昔のテレビ番組が見られる展示コーナーで、必死に『日本の素顔』のメモを取ったことを思い出す。

それ以来、試行錯誤を繰り返しながらテレビ研究を進めてきた。今にして思えば、それがかえって幸運だった。当初はアーカイブで公開されていない番組も多く、たった一本の番組を見るのにとても苦労した。その番組を制作した本人に直接に手紙を書き、電話をして、会いに行った。その時に聴いた制作の舞台裏の話や、コピーさせてもらった資料は、研究を進める上でかけがえのない財産となった。テレビ番組の外側や裏側に見えない世界が広がっていることに身をもって気づかされた。

二〇〇〇年代に入ると、様々な共同研究プロジェクトを通して、テレビ・アーカイブの構築や活用に自らが深く関わるようになった。開かれたテレビ・アーカイブの実現に向けて活動する傍らで、数多くの貴重な番組に接する機会を得た。また現代のテレビを批評する仕事もしだいに増えていった。過去と現在を往復しながらテレビを研究・批評しはじめると、テレビがさらに面白くなった。アクチュアルな問題意識を持って過去の番組を捉え直し、歴史的な視点を持って現代のテレビを見つめ直すことの大切さを学んだ。

本書は、このようにして様々なテレビ・アーカイブを探索しながら、私がこれまでに本や雑誌に発表してきたドキュメンタリー番組に関する論考をまとめたものである。初出は以下に示す通りであるが、一冊の書物として編み直すにあたって、内容を大幅に書き換えたものもある。

第1章 「アーカイブが変えるテレビ研究の未来」『マス・コミュニケーション研究』第七五号、二〇〇九年、五一—六六頁（その後、改稿して以下に転載。「テレビ・アーカイブ研究の始動にあたって」日本放送協会放送文化研究所編『放送メディア研究8』丸善出版、二〇一一年、七—三二頁。「アーカイブと放送文化」高橋信三記念放送文化振興基金編『テレビの未来と可能性』大阪公立大学共同出版会、二〇一三年、二五四―二六四頁。「民放もアーカイブの公開・活用を!」『民放』二〇一三年一一月号、二四―二八頁)。
第2章 「テレビ・ドキュメンタリーの成立――NHK『日本の素顔』」『マス・コミュニケーション研究』第五九号、二〇〇一年、一六四―一七七頁。
第3章 「牛山純一――テレビに見た『夢』」吉見俊哉編『ひとびとの精神史 第5巻 万博と沖縄返還 1970年前後』岩波書店、二〇一五年、一〇一―一二三頁。
第4章 「一九六〇年代の実験的ドキュメンタリー――物語らないテレビの衝撃」伊藤守編『メディア文化の権力作用』せりか書房、二〇〇二年、七五―九七頁。
第5章 「ドキュメンタリー青春時代の終焉」長谷正人・太田省一編『テレビだョ!全員集合 自作自演の1970年代』青弓社、二〇〇七年、八〇―一〇三頁。
第6章 「制作者研究〈テレビ・ドキュメンタリーを創った人々〉第6回 木村栄文(RKB毎日放送)〜ドキュメンタリーは創作である〜」『放送研究と調査』二〇一二年九月号、四六―五九頁(その後、以下に転載。「木村栄文〜ドキュメンタリーは創作である〜」NHK放送文化研究所編『テレビ・ドキュメンタリーを創った人々』NHK出版、二〇一六年、一三八―一五三頁)。
第7章 「真夜中のジャーナリズム――NNNドキュメント」丹羽美之編『NNNドキュメント・クロニクル 1970-2019』東京大学出版会、二〇二〇年、一三―二七頁。「テレビ人 この言葉、あの言葉④ ドキュメンタリーとは、人間が生きるための闘いである 磯野恭子」『民放』

二〇一七年一一月号、六一—六二頁。
第8章「テレビ人この言葉、あの言葉⑦『安直な図式』に社会をはめこむことで、逆に見えなくなるものがある　是枝裕和」『民放』二〇一八年九月号、六二—六三頁。その他の部分は書き下ろし。
第9章「東日本大震災を記憶する——震災ドキュメンタリー論」丹羽美之・藤田真文編『メディアが震えた　テレビ・ラジオと東日本大震災』東京大学出版会、二〇一三年、三五九—四〇〇頁。

これらは発表の時期も媒体もそれぞれ異なる論考であるが、結果的に、一九五〇年代から現在まで、日本のテレビ・ドキュメンタリーの大きな流れを描き出すことができたのではないかと考える。一方で、今回、取り上げることができなかった番組も少なくない。たとえば『NHK特集』や『NHKスペシャル』についてはほとんど触れられなかった。ローカル局、プロダクション、女性の制作者が手がけた番組についても、ごく一部しか取り上げることができなかった。これらはいずれ別の機会に論じることにしたい。

本書は多くの人々の支えによって生まれた。まずは大学院時代にご指導頂いた伊藤公雄氏、初出の論集の編者として貴重な執筆の機会を与えて下さった吉見俊哉氏、伊藤守氏、長谷正人氏、藤田真文氏に感謝の念を捧げたい。またここでは書ききれないが、数々の研究プロジェクトにこれまで一緒に取り組んできた研究者や制作者の仲間にも心から謝意を表したい。さらに転載を快く許可して下さった発行者・編集者の皆さんにも厚くお礼を申し上げる。

私の職場である東京大学大学院情報学環の同僚たちにも感謝したい。恵まれた研究環境と、尊敬する同僚たちとの交流は、知的刺激に満ち、研究を進める上で大きな支えとなった。特に林香里氏、水越伸氏は、本書の執筆を力強く後押ししてくれた。また私の研究室には多種多様な学生が集まっており、いつもたくさんの発見や驚きを与えてくれる。メディア研究やジャーナリズム研究を志す若い学生たちと切磋琢磨する中で、この間に多くのことを学んだ。心から感謝したい。

そろそろ単著を出しませんか、と本書の企画を提案し、出版に導いて下さったのは、東京大学出版会の木村素明氏である。木村氏と組むのは何とこれで六冊目になる。今回もなかなか執筆が進まない私を粘り強く励まし、温かく見守ってくれた。執筆時の的確な意見や助言にも救われた。煩雑な編集作業を精力的に進め、本書の出版に向けて最大限に尽力してくれた。木村氏にはこの場を借りて改めてお礼を申し上げたい。

最後に、これまで私を応援してくれた家族に心から感謝を伝えたい。私は父を早くに亡くした。女手ひとつで私と兄を育ててくれた母には感謝の念しかない。一八歳で東京に出て以来、離れて暮らしてはいるが、母への尊敬と感謝の気持ちを忘れたことはない。そして何よりも、私がこうして研究を続けてこられたのは、妻と子供たちの日々の支援と協力の賜物である。二〇年近くにわたって私のことを支えてくれた最愛の妻と、可愛い二人の娘たちに心から感謝したい。

二〇二〇年三月

丹羽美之

人名索引

さ行

た行

な行

は行

ま行

や行

ら行

わ行

番組名・書名索引

か行

さ行

た行

な行

や行

ら行

わ行

丹羽美之（にわ・よしゆき）

東京大学大学院情報学環准教授。
専門はメディア研究、ジャーナリズム研究。編著に『NNN ドキュメント・クロニクル　1970-2019』（東京大学出版会）、共編著に『記録映画アーカイブ 1　岩波映画の 1 億フレーム』、『記録映画アーカイブ 2　戦後復興から高度成長へ』、『記録映画アーカイブ 3　戦後史の切断面』、『メディアが震えた』（いずれも東京大学出版会）など。

日本のテレビ・ドキュメンタリー

2020 年 6 月 16 日　初　版

［検印廃止］

著　者　丹羽美之

発行所　一般財団法人　東京大学出版会

代表者　吉見俊哉

153-0041 東京都目黒区駒場4-5-29
http://www.utp.or.jp/
電話　03-6407-1069　Fax 03-6407-1991
振替　00160-6-59964

装　幀　間村俊一
組　版　有限会社プログレス
印刷所　株式会社ヒライ
製本所　牧製本印刷株式会社

ISBN 978-4-13-050201-6　Printed in Japan

NNNドキュメント・クロニクル　1970-2019
丹羽美之 編

1970年から日曜深夜に放送を重ねてきたNNNドキュメント（日本テレビ系列）は，「真夜中のジャーナリズム」を開拓し，牽引してきた．ポスト成長期の日本を映し出した数々の番組をテーマごとに論じ，2465回の放送記録を制作者の証言とともに収める．
本体 24,000 円+税

ヴァナキュラー・モダニズムとしての映像文化
長谷正人

写真やジオラマ，映画，テレビなどといった複製技術による映像文化が切り開く「自由な活動の空間」の可能性を，高踏的なモダニズムではなく，ヴァナキュラー・モダニズム――日常生活の身体感覚に根差した――の視点から探究する，横断的映像文化論の試み．
本体 3,500 円+税

攻めてるテレ東，愛されるテレ東――「番外地」テレビ局の生存戦略
太田省一

テレビ離れが進むなか，いま最も視聴者から「愛されている」テレビ局，テレ東．そこに至るまでは後発局ゆえの挫折と苦闘の歴史があった．テレ東設立の歴史的経緯を辿り，テレ東が支持される理由（たのしさ）を存分に分析する．現在のメディア状況，ひいては日本社会のテレビの将来的可能性についての探求の書．「一番テレビを見ている社会学者」渾身の書下ろし!!
本体 2,400 円+税